编 委 会

防沙治沙看宁夏

FANGSHA ZHISHA KAN NINGXIA

宁夏回族自治区林业厅◎编

黄河出版传媒集团
宁夏人民出版社

治沙造林前后的变化

昔日的流动沙丘如今变得林木丰茂

沙产业——葡萄种植

沙产业——沙柳柳编

沙产业——柠条饲料加工

沙产业——沙漠旅游

扎设草方格

扎设草方格

连片的草方格

走向沙漠，义务植树

前　言

宁夏三面环沙，荒漠化严重制约着全区经济社会的持续协调发展，推进防沙治沙工作，改善生态环境，是宁夏面临的一项长期而艰巨的任务，也是党和国家赋予宁夏的历史使命。

防沙治沙，宁夏一直在拼搏、在奋进。经过几代人的共同努力，宁夏的防沙治沙吸引了世界的目光。宁夏在全国率先实现了沙漠化逆转、实现了人进沙退的良好局面，宁夏是全国唯一的省级防沙治沙综合示范区，拥有全国第一个国家沙漠公园——中卫沙坡头国家沙漠公园、第一个荒漠湿地类型国家级自然保护区——盐池哈巴湖保护区、全国唯一的防沙治沙展览馆，并创新和引领了草方格治沙等不同区域的防沙治沙模式。为了保护防沙治沙建设成果，宁夏回族自治区党委、政府率先在全国以省为单位全面实行禁牧封育，并先后出台了《宁夏回族自治区防沙治沙条例》等一系列政策意见，以硬措施、硬办法做好防沙、治沙、用沙三篇文章。第五次全国荒漠化和沙化监测结果显示，“十二五”期间，宁夏完成治沙造林401.67万亩，森林覆盖率由11.9%提高到12.63%，荒漠化土地和沙化土地面积双缩减，实现了沙化土地连续20多年持续减少的目标。

宁夏的防沙治沙经验，在全国乃至全球，具有借鉴和推广价值。

在联合国防治荒漠化国际会议上，在联合国气候大会上，宁夏都代表中国在会议上介绍过防沙治沙经验。多年来，先后有89个国家的政要、专家来到宁夏参观考察治沙工作。埃及总统安全事务顾问纳佳女士在与宁夏回族自治区政府主席咸辉会见时说，“宁夏在沙漠治理和开发利用方面取得了举世瞩目的成绩，埃及和宁夏气候条件相似，非常期待宁夏的经验可以帮助埃及，并诚挚邀请宁夏沙漠治理、节水等方面的专家到埃及指导工作，开展合作”，宁夏的治沙技术和成效得到了国际社会的重视与认可。

2016年12月，习近平总书记等中央领导同志对防沙治沙工作作出重要批示，充分肯定了宁夏、甘肃、内蒙古三省区生态保护工作取得的明显成效，并对不断巩固和扩大成果提出了明确要求。2017年6月，宁夏回族自治区第十二次党代会把实施生态立区战略确立为三大战略之一，明确要构筑西北生态安全屏障，持续推进防沙治沙等工程，打造西部生态文明建设先行区。《防沙治沙看宁夏》一书正是贯彻习近平总书记等中央领导同志防沙治沙工作重要批示精神和落实自治区第十二次党代会精神的具体体现，全面系统总结了宁夏防沙治沙的经验和成效，展现了宁夏防沙治沙以来涌现出的先进典型和事迹，对指导今后全区防沙治沙工作，讲好宁夏防沙治沙故事、传播中国防沙治沙经验具有现实意义。

编　者

2017年6月

目 录

政策篇

关于落实绿色发展理念
加快美丽宁夏建设的意见

（2016年7月27日中国共产党宁夏回族自治区第十一届委员会第八次全体会议通过）

为认真学习贯彻习近平总书记来宁视察重要讲话精神，按照党中央、国务院关于加快推进生态文明建设的重大决策部署和宁夏回族自治区党委十一届三次、四次、五次、六次、七次全会要求，推动绿色发展，加快美丽宁夏建设，提出以下意见。

一、重大意义和目标要求

（一）重大意义。美丽宁夏建设关系人民幸福，关乎长远发展

宁夏回族自治区党委、政府历来重视生态建设和环境保护，始终坚持一手抓发展，一手抓保护，生态环境和城乡面貌得到明显改善。自治区党委十一届三次全会作出建设开放富裕和谐美丽宁夏的重大战略部署，把以生态文明为核心的美丽宁夏建设摆在更加突出的位置，与经济建设、政治建设、文化建设、社会建设同步推进，美丽宁夏建设进入新的发展阶段。但总体上看，我区三面环沙、干旱少雨、缺林少绿、自然生态环境脆弱。与此同时，经济发展与生态环境保护的矛盾日益突出，产业结构倚重倚能特征明显，资源利用效率不高，节能减排和污染防治压力大，城乡环境基础设施建设滞后，全社会生态文明意识还不强，美丽宁夏建设与人民群众对美好生活的新期待还有差距。加快美丽宁夏建设，是落实创新协调绿色开放共享新发展理念、建设开放富裕和谐美丽宁夏、与全国同步建成全面小康社会的重要内容，是加快转变发展方式、提高发展质量效益、实现转型追赶的必然要求，是打造优美生态环境、培育发展新优势、创造人民美好生活的迫切需要。全区上下要切实增强责任感、紧迫感和使命感，凝心聚力，久久为功，不断开创美丽宁夏建设新局面。

（二）总体要求

全面贯彻党的十八大和十八届三中、四中、五中全会精神，认真落实习近平总书记来宁视察重要讲话精神，坚持“五位一体”总体布局和“四个全面”战略布局，贯彻落实新发展理念，把生态文明建设融入经济社会发展全过程，大力实施生态优先战略，以生态保护和环境整治为重点，以改革创新为动力，以制度建设为保障，以科学技术为支撑，着力优化空间开发格局、推动发展方式转变、提升环境质量水平、培育生态文明风尚，深入持久地推进美丽宁夏建设，筑牢西北地区重要生态安全屏障，打造丝绸之路经济带绿色明珠，绘就美丽中国“宁夏画卷”。

（三）基本原则

坚持经济发展与生态保护相统一。始终把加快发展作为第一要务，在发展中保护、保护中发展，发展必须是绿色发展、循环发展、低碳发展，要与资源消耗、环境容量、生态承载能力协调平衡，给子孙后代留下天蓝地绿水美的美好家园，实现发展与保护的内在统一、相互促进。

坚持以人为本与尊重自然相统一。以满足人的生存发展需要、实现人的全面发展为核心，树立尊重自然、顺应自然、保护自然的生态文明理念，科学开发利用自然资源，推行绿色生产生活方式，实现可持续发展，促进人与自然和谐共生。

坚持重点突破与整体推进相统一。立足当前，着力解决对经济社会可持续发展制约性强、群众反映强烈的突出环境问题；着眼长远，把生态环境保护作为一项长期任务，鼓励探索创新，不断完善制度，持之以恒全面推进生态文明建设。

坚持政府引导与市场机制相统一。深化生态文明体制改革，健全市场机制，更好地发挥政府引导和监管作用，发挥企业的主体责任和自我约束作用，鼓励社会组织和公众积极参与，形成全社会共建美丽宁夏的良好格局。

（四）主要目标

通过划定五条生态保护红线，建设四大生态功能区，实施十大生态保护工程，开展三大环境治理行动（简称“5413”），加快推进美丽宁夏建设。到2020年，形成节约资源和保护环境的空间格局、产业结构、生产方式、生活方式，生态文明制度体系基本建立，美丽城乡建设、生态环境质量总体走在西部前列，建成一批全国生态文明先行示范市、县，全社会生态文明意识普遍提高，美丽宁夏建设水平与全面建成小康社会目标相适应。

主要指标是：森林覆盖率达到15.8%，草原综合植被覆盖度进一步提高；五市空气质量优良天数比例达到80%以上，基本消除重污染天气；主要水功能区水质达标率80%以上，重点湖泊达到Ⅳ类水质，全面消除城市建成区黑臭水体，县级以上城市集中式饮用水源地水质达标率100%；能源资源消耗强度持续下降，单位生产总值能耗、二氧化碳排放强度和主要污染物总量减排完成国家下达任务。

再经过一段时间的努力，生态文明建设取得突破性进展和标志性成果，产业转型基本完成，碳排放总量达到峰值并开始下降，自然生态系统实现良性循环，建成自然生态美、城乡环境美、产业形态美、人文和谐美的美丽宁夏，走出一条欠发达、生态脆弱地区绿色发展的新路子。

二、加强规划实施，着力优化空间开发格局

按照国家主体功能定位，强化规划约束管控，健全空间规划体系，科学布局生产空间、生活空间、生态空间。

（一）健全空间规划体系

加快推进空间规划（多规合一）试点。按照国家“积极探索，大胆实践”的要求，以空间发展战略规划为引领，整合主体功能区、经济社会、土地利用、城乡建设、产业发展、生态环境保护等规划，加快推进“多规合一”。2017 年完成自治区、五市和平罗、中宁、泾源三县空间规划编制。2018 年形成覆盖全域的空间规划体系，实现统一规划、精简审批、有效监督，一张蓝图管到底。落实主体功能定位。推动市、县按照主体功能定位发展，加快构建科学合理的城镇化格局、产业发展格局和生态空间格局。明确不同区域的鼓励类、限制类、禁止类产业，实施差异化的资源消耗、土地利用和生态保护等政策，引导人口、生产力布局向沿黄经济区和清水河城镇产业带集中。实施生态红线制度。对重点生态功能区、生态敏感区和脆弱区等重要区域实行严格的红线管控制度，制定生态保护与建设规划，划定基本农田、饮用水源地、森林、基本草原、湿地五条红线，从空间上明确保护区域和范围，确保面积不减少、性质不改变、功能不降低。

（二）推进绿色城镇建设

坚持走以人为本、绿色低碳的新型城镇化道路，全面提高城市规划建设管理水平，让人民群众生活在更加宜居的环境中。优化城镇布局。以银川—吴忠—宁东都市区为核心，以石嘴山、固原、中卫为副中心，以县城和小城镇为节点，加快形成各具特色、功能互补、协同发展的组团式城镇体系。严格“三区四线”（禁建区、限建区、适建区和绿线、蓝线、紫线、黄线）管理，科学确定城镇规模和开发强度，提高土地利用效率和建成区人口密度。到2020年，全区常住人口城镇化率达到60%。塑造城镇特色。结合自然资源特点和民族人文特色，科学设计城镇形态、空间廊道、景观风貌、建筑风格，推进产城融合、职住平衡，控制高层建筑，保护修缮和建设一批历史文化建筑和特色街区，打造一批文化旅游、商贸物流、农副产品加工、交通枢纽等特色城镇，提高小城镇对人口的聚集力。提升城市功能。提高城镇供水、供电、供气、供热、防涝排水等基础设施配套水平，推进银川地下综合管廊、固原海绵城市国家试点和吴忠可再生能源示范城市建设。加快棚户区、老旧小区改造，2018年基本消除棚户区和城中村。推广建筑工业化等模式，新建建筑执行一星级以上绿色建筑标准，绿色建筑比例达到50%以上。积极创建国家生态园林城市、森林城市、环保模范城市，建成一批小微游园、街头绿地、社区公园和市民休闲森林公园，城市绿地率达到38%以上。优先发展公共交通，加快城市综合交通枢纽和城际轨道交通建设，合理开发布局停车场，新建小区和公共建筑必须配建地下停车场，设区市立体停车位占公共停车位比重达到10%，县以上城市建成绿道慢行系统，推动有条件的单位大院、住宅小区逐步开放内部道路和停车位，加强交通环境整治，有效防治交通拥堵和停车难。创新城市治理。推进城市管理综合执法体制改革，全面推行网格化、精细化管理，健全基层治理机制。加快智慧城市建设步伐，推进智慧交通、智慧城管、智慧环保、智慧气象等领域的信息共享应用，全面提升城市治理水平。

（三）加快建设美丽乡村

实施“百村示范、千村整治”工程，优化村庄规划布局，推动城镇基础设施和公共服务向农村延伸，加快推进城乡一体化。到2020年，所有乡（镇）、行政村建成田园美、村庄美、生活美、风尚美的美丽乡村。建设特色农宅。提高农宅设计建设水平，保持传统特色风貌，2018年全面完成农村危窑危房改造。净化农村环境。完善户分类、村收集、镇转运、县处理机制，探索农村垃圾回收处理的有效模式。建立废旧玻璃、塑料、包装物等可回收垃圾回收利用体系，对废旧电池、农药包装物等有毒有害垃圾，采取财政补贴的方式集中回收处置，防止二次污染。2018年90%的行政村垃圾得到有效治理。因地制宜推进农村生活污水处理回用和改水改厕，对有条件的村庄采用集中处理方式，对城郊村庄就近纳入城镇污水收集管网统一处理，对偏远分散村庄采用以户为主的分散式污水处理。健全垃圾污水处理运行、管护和经费保障机制。到2020年，全区所有小城镇、70%的行政村实现污水处理，大力推进农厕改造。绿化美化村庄。引导农民植树护绿，加强村边、山边、农田林网绿化和庭院绿化，整治村容村貌。完善山区和偏远农村路网建设，推进农村电网改造升级，实施村内主干道和公共活动区域亮化工程，提高行政村互联网宽带入户率，切实改善农村生产生活环境。

三、加强资源节约，着力推动发展方式转变

从源头上保护生态环境，最根本的是加快经济转型发展步伐。

要加强人力资源开发和技术创新，推进资源利用节约化、生产方式绿色化、产业发展循环化，有效降低发展的资源环境代价。

（一）加快产业转型升级

推进供给侧结构性改革，落实产业转型升级和结构调整“1+3”实施方案，大力推动绿色转型，培育经济发展新动能。到2020年，轻重工业比达到22:78，战略性新兴产业占比提高5个百分点，服务业增加值占地区生产总值比重达到50%。推进传统产业绿色化改造。鼓励企业采用高新技术、先进适用技术和节能低碳环保技术，改造提升煤炭、电力、冶金、化工、建材五大传统产业，推进原材料初级产品向产成品转化，提高产业集中度、产品附加值和行业竞争力。推进新型煤化工产业发展，提高煤炭精深加工转化效率和经济效益。加快淘汰落后产能，积极化解过剩产能，严禁产能过剩行业新增产能项目。推进新兴产业集群化发展。加快培育壮大先进装备制造、现代纺织、信息技术、新能源、新材料等新兴产业，形成产业集群，支撑转型升级。开展绿色制造专项行动和智能制造示范工程，加快3D打印等核心技术研发与产业化，扶持高端铸造、数控机床、仪器仪表、工业机器人等优势产业，引领和带动制造业高效清洁低碳循环发展。优化能源结构，推进清洁能源集约开发利用，建设国家新能源综合示范区。实施“互联网+”行动计划，加快建设中卫西部云基地、银川大数据中心，积极推动网上丝绸之路宁夏枢纽工程、“8+N”朵云和智慧宁夏建设，形成覆盖全区、面向全国、融入全球的信息产业体系。加快发展金融、物流、养老、健康等现代服务业。积极发展绿色产业。大力发展节能环保产业，完善产业发展规划、政策和市场服务体系，规划建设产业化示范基地。大力发展生态农业，实施枸杞、酿酒葡萄、硒砂瓜、长红枣、马铃薯、大米、滩羊、肉牛、中草药等特色农产品原产地和商标保护工程，推进规模化、标准化生产，创建一批国家级现代农业示范区和有机产品认证示范区，打响宁夏绿色农产品品牌。大力发展全域旅游，实施全域旅游发展三年行动计划，按照“全景、全业、全时、全民”模式，推动景区开发、旅游交通、服务体系、宣传营销一体化，发展生态观光游、乡村体验游、民俗风情游、文化遗址游、体育休闲游等新业态，推进全域旅游示范区建设。

（二）加强资源节约利用

加快转变资源利用方式，加强全过程节约管理，降低资源消耗强度，以无污染、不浪费为前提，最大可能提高煤炭、水、土地等能源和资源的利用效率。到2020年，单位地区生产总值能耗、用水量分别下降14%和25%，单位建设用地生产总值提高24%。全面推动重点领域节能。实施重点用能行业能效提升计划，对标国内同行业先进水平，推进高耗能企业节能改造和能量系统优化。推动重点企业能源管理体系建设，推行合同能源管理模式。开展节约型公共机构示范创建活动。强化节能降耗目标责任制考核。实行最严格的水资源管理。健全用水总量控制制度，建立农业灌溉用水和工业企业计划用水管理制度，设定工业项目水耗准入门槛。推进农业综合水价改革，全面推行城镇居民用水阶梯价格。大力推广节水技术和产品。支持城市再生水、矿井水等非常规水重复利用，严控无序调水。五个地级市建成国家节水型城市。加强土地节约集约利用。

严格落实建设用地总量控制、耕地占补平衡制度。持续开展国土整治。推进城镇、园区低效土地再开发，全面清理处置已征用闲置土地，合理开发地下空间。推进矿山企业兼并重组，加强矿产资源节约和综合利用。

（三）大力发展循环经济

实施循环发展引领计划，促进减量化、资源化、再利用，变废为宝。到 2020 年，创建绿色示范工业园区 5 个、清洁生产示范企业 20 家，工业固废处置率达到 100%、综合利用率达到 80% 以上。推行企业循环化生产。实施重点行业清洁生产审核，加强废水、废气、废渣和余热余压循环再利用，提高企业就地消纳和转化能力。推行园区循环化发展。围绕企业间上下游衔接、废物交换利用建链补链。建设园区集中供水、污水处理回用、分布式能源、物流集成等配套设施，增加园区综合考评中节能减排权重，促进园区低成本、闭合式循环发展。推行产业循环化组合。围绕煤炭、电力、煤化工、石油、冶金、有色金属和建材等重点产业，打造循环产业集群。推进煤矸石、粉煤灰、脱硫石膏、冶炼渣等工业固废综合利用。推进种植—养殖—农产品加工—休闲农业等循环链接，发展饲料生产—畜禽水产养殖—加工一体化产业链。推动石嘴山等国家循环经济试点城市和灵武市“城市矿产”示范基地建设。推进生活垃圾、餐厨垃圾、建筑垃圾资源化利用，推广垃圾焚烧发电等处理模式，健全再生资源回收利用体系。

四、加强生态保护，着力构建生态安全屏障

立足自然地貌和生态特征，把全区划分为四大生态功能区，分区施策，系统保护，长期治理，打造西北地区重要的生态安全屏障，承担维护西北乃至全国生态安全的重要使命。

（一）建设引黄灌区平原绿洲生态区

该区域包括黄河沿岸引黄灌区。属于重点开发区和国家农产品主产区，是我区重要的绿色生态空间和湿地生态功能区。重点加强沿黄湿地、农田生态、灌区林网等生态系统保护，严格控制对空气、水体造成污染的产业项目，从严管控黄河沿岸、湖泊湿地周边区域开发建设。实施农田生态保护工程。严格落实基本农田保护制度，确保灌溉面积不减少。开展沃土行动，加强耕地质量调查、监测和评价，推进高效节水灌溉、中低产田改造和高标准农田建设，治理土壤盐渍化，加大退化、污染、损毁、废弃农田改良和修复力度，提高耕地质量和农田生态功能。实施灌区绿网工程。建设引黄灌区农田防护林、贺兰山东麓葡萄长廊防护林、黄河主河道护岸林、灌溉渠系防护林，构建环城、环镇、环村、环路、环水、环田、环园区大林网。适应规模化、集约化现代农业发展需要，改造提升现有农田防护林网，树随路栽，绿随沟建，林随田织，建设大网格、宽带幅、高标准防护林体系。推进主要排水沟生物边坡治理。新增防护林面积10万亩。实施湿地保护恢复工程。出台河湖湿地管理办法，开展湿地产权确权试点，加强黄河流域滩涂、湖泊、水稻田等各类湿地生态环境保护，推进水环境治理和水生态修复，连通河湖湿地，

提升湿地生态功能。

（二）建设中部荒漠草原防沙治沙区

该区域包括灵（灵武）盐（盐池）红（红寺堡）台地、海（海原）同（同心）丘陵沟壑以北地区及沙（沙坡头）宁（中宁）腾格里沙漠边缘地带。属于限制开发区域的防风固沙型重点生态功能区，也是我区生态环境最脆弱地区。重点加强草原生态系统保护恢复，继续实施禁牧措施，防止草原退化和土地沙化，加快扬黄灌区节水改造，大力发展高效节水农业，从严控制破坏草原的各种开发性建设，禁止发展高耗水工业和污染企业。实施草原生态保护工程。建立基本草原保护制度，完善草原承包经营责任制，开展草原承包经营确权，规范草原经营权流转，扩大退耕退牧还草工程实施范围。以禁牧封育、自然修复为主，加强草原补播、人工饲草地建设，改良天然草场，有效保护草地生态系统。加强自然保护区、沙区湿地和现有人工林地保护。到 2020 年，人工种草 1000 万亩、天然草原改良 1000 万亩、草原围栏 2400 万亩。实施防沙治沙工程。加大毛乌素沙地治理和腾格里沙漠边缘林地保护力度，推进全国防沙治沙综合示范区建设。建立沙化土地封禁保护制度，对暂不具备治理条件的连片沙化土地，实行封禁保护。创新防沙治沙模式，建设一批沙漠公园和防沙治沙技术交流平台，合理发展沙产业。到 2020 年，修复荒漠化、沙化土地 450 万亩。

（三）建设南部黄土丘陵水土保持区

该区域包括中部荒漠草原防沙治沙区以南（不含六盘山脉）地区。属于限制开发区域的水土保持型重点生态功能区，是黄土高原重要生态功能区，也是我区宜林地较多地区。重点加强封坡育草、封山育林，继续推进退耕还林，减少水土流失面积，大力推进高效节水灌溉，建设高标准旱作农田，巩固禁牧成果，禁止无序采矿、毁林毁草开荒。实施水土流失综合治理工程。因地制宜推进小流域、坡耕地、沟道综合治理和库井灌区林网建设，在降雨条件具备地区，大力营造乔灌混交林和水土保持林。提高库坝塘井窖联用体系蓄水能力，调节径流、蓄滞洪水，建设水土保持示范区，全区新增水土流失治理面积4000平方公里。继续实施退耕还林还草，扩大人工种草造林面积，提高水源涵养功能。实施移民迁出区生态修复工程。继续实施中南部地区易地扶贫搬迁。将生态移民迁出区土地收为国有，对有历史文化价值的迁出区村落加强保护，对有条件的新建国有林场，加强迁出区封育管护和自然修复，修复面积1272万亩。实施节水集蓄工程。加强人工增雨和防雹设施建设，开发利用空中云水资源。高标准建设集雨设施，有效拦蓄利用雨洪水资源。

（四）建设三山森林生态功能区

该区域包括贺兰山、六盘山、罗山核心区和缓冲区。属于禁止开发区，是点、条、带状分布的重要自然生态功能区。重点加强天然林保护、水源涵养和防风防沙，严格控制一切与保护无关的开发建设。实施天然林保护和三北防护林工程。加快六盘山生态功能区建设，构建大六盘生态安全体系。加强贺兰山、罗山天然林资源保护恢复。争取将全区林地纳入国家天然林保护工程补偿范围。设立自治区级公益林补偿专项资金，建立补偿标准动态调整机制，完善以政府购买为主的公益林管护机制。创新产权模式，引导社会力量投入植树造林和生态建设。全区森林蓄积量达到 1000 万立方米。实施“500 降水线”荒山造林绿化工程。在降水量 500 毫米以上、坡度 25 度以上山地，实施精准造林和工程造林，大力发展林木种苗、特色经济林和林下经济等生态产业。结合精准扶贫推动生态扶贫，推广泾源县育苗造林模式，优先购买建档立卡贫困户苗木和劳务，引导贫困地区群众参与荒山绿化，增加农民收入。到 2020 年，新增造林面积 15 万亩，补植补种 25 万亩。

加强自然保护区保护建设。提升各类自然保护区建设质量和管护水平，发挥其在所属生态区域管理、技术、生态功能等方面的示范带动和骨干支撑作用，争取国家公园体制试点，探索开发与保护融合发展新模式。推进国有林场改革。加强珍稀野生动植物、古树名木和候鸟迁徙路线保护，维护生物多样性。

五、加强污染防治，着力提升环境质量水平

从解决人民群众最关心的环境问题入手，坚持治、管、防并举，开展“蓝天碧水 · 绿色城乡”专项行动，重拳治理大气、水环境和土壤污染，持续改善环境质量。

（一）实施大气污染治理行动

严格控制大气污染物排放增量，综合治理大气污染，推进煤尘、烟尘、汽尘、扬尘“四尘”同治。消除煤尘。加快城市燃煤锅炉拆除整治，实施集中供热、热电联产、清洁能源替代工程，推动工业园区余（废）热回收利用，全面推广使用清洁能源，银川市和其

他地级市建成区要加快淘汰20蒸吨及以下燃煤供热锅炉，山区城镇和工业园区通天然气。减少烟尘。加快燃煤电厂超低排放改造，2018年30万千瓦及以上火电企业、10万千瓦及以上自备燃煤发电机组完成超低排放改造，其他火电企业达到特别排放限值。加强冶金、焦化等高耗能行业烟尘治理，推进石油化工、煤化工等行业挥发性有机污染物净化处理。逐步搬迁改造城市区域生物制药等污染企业。整治汽尘。加大机动车尾气治理力度，扩大城市“黄标车”禁行区域，2017年全部淘汰“黄标车”。推进车用油品质量升级。控制扬尘。绿化城市建成区裸露地，严管严控道路运输、建设工地施工扬尘，强制实行城市垃圾、渣土密闭运输，创建标准化绿色工地。加强城市噪声、餐饮油烟、露天烧烤等污染治理。实施气象保障工程，加强气候变化监测评估和气象灾害预报预警，建立区域联动机制，预防重污染天气。

（二）实施水污染治理行动

保护利用好有限的水资源，让碧水长流。治理城镇污水。加快城镇污水处理设施扩容提标改造，完善收集、回用配套管网建设，建立稳定运行机制。2017年县级以上城市污水处理设施全部达到一级A排放标准，2020年实现建制镇和中心村污水处理全覆盖。治理工业污水。实施造纸、焦化、氮肥、有色金属、印染、农副产品加工、原料药制造、制革、农药、电镀十大行业清洁化改造，推进污水集中处理、废水深度治理和重复利用，2017年实现工业园区污水处理全覆盖。加强黄河保护，强化入黄干支流及主要排水沟水环境治理，取缔入河、入湖、入渠、入沟的工业企业直排口，加快城市黑臭水体治理，坚决杜绝污染黄河行为，2018 年主要入黄排水沟达到Ⅳ类以上水质。保障饮水安全。理顺水源地保护和供水管理体制，加强从水源地到水龙头全过程监管，防治重点水库和地下水污染，实现城乡饮水安全全覆盖。加强地下水超采区治理，逐步关停企业自备井，2017 年集中供水管网覆盖范围内的企业自备井全部关停。

（三）实施土壤污染防治行动

加强土壤污染防治，开展土壤环境质量调查，从源头上确保农产品质量和人居环境安全。加大农业面源污染治理力度。建立以绿色生态为导向的农业补贴制度，加快制定和完善相关技术规范。全面推行测土配方、水肥一体化施肥技术，加快推广使用有机肥，推进专业化统防统治和绿色防控技术示范。到 2020 年，主要农作物化肥、农药使用量实现零增长，测土配方施肥实现全覆盖。加大规模化畜禽养殖污染防治力度，提高农作物秸秆利用率、畜禽粪便资源化利用率和农用残膜回收利用率。加大固废治理力度。实施贺兰山东麓等非煤矿山生态修复工程，加快采煤沉陷区、破损矿山地质环境治理，规范工业园区和矿采区固废堆场环境管理，治理工业污染场地。加强医疗废物、危险化学品、放射性废物集中收集和专业化处置，严禁含重金属的废水、废渣污染土壤，防控重大环境风险。

六、加强宣传引导，着力培育生态文明风尚

美丽宁夏建设关键在人。要大力弘扬生态文明价值理念，加快

形成崇尚自然、爱护环境、勤俭节约、文明健康的良好社会风尚。

（一）增强生态文明意识

将生态文明作为培育践行社会主义核心价值观的重要内容，纳入群众性精神文明创建和道德实践活动，让保护生态、节约资源、拒绝污染等生态文明意识深入人心。从学校教育和干部培训抓起，将生态文明知识作为素质教育的重要内容，纳入国民教育体系和各级党校、行政学院教学计划，促进全民生态文明道德和行为养成。将生态文化作为公共文化服务体系和企业文化建设的重要内容，充分挖掘地方特色民族民俗和优秀传统文化，鼓励创作反映现代生态文明理念的文艺作品，丰富生态文化内涵。组织好世界地球日、世界环境日、世界水日和全国土地日、全国节能宣传周等活动。广泛开展提升公民文明素质、塑造美丽心灵主题宣传活动，树立建设美丽宁夏的先进典型，在电视、报纸、网络等媒体设立曝光台，公开曝光破坏生态、污染环境等不文明行为。

（二）倡导绿色生活方式

开展绿色低碳行动，倡导文明节俭、生态环保的生活方式。推动绿色消费，鼓励城乡居民购买新能源汽车、高能效家电、节水器具等节能环保低碳产品，节能灯具普及率达到90%以上，鼓励家庭使用电炊、电采暖等产品，提高电力就地消纳利用水平。限制一次性产品生产销售和使用。提倡步行或搭乘公共交通工具等绿色出行方式。加快生活垃圾分类收集处理试点推广。严格执行《党政机关厉行节约反对浪费条例》，广泛开展文明餐桌“光盘行动”。创建绿色机关、学校、社区、企业和家庭。

（三）鼓励公众积极参与

完善环境信息公开和公众参与制度，及时公布大气、水等环境信息和重点排污企业污染物排放情况，维护公众环境权益。健全举报、听证、舆论和公众监督等制度，在建设项目立项、实施、后评价等环节，有序引导公众参与。开展企业环境行为信用评价，定期公布评定结果和违法者名单。发挥工会、共青团、妇联和社会组织作用，发展民间环保组织和志愿者队伍，推动社会各界和公众广泛参与美丽宁夏建设。

七、保障措施

（一）加强组织领导

宁夏回族自治区成立美丽宁夏建设委员会，统筹制定重大政策，研究解决重大问题。各级党委政府要加强领导，建立科学决策机制、工作协调机制、政绩考核机制和责任追究机制，形成有利于推进美丽宁夏建设的工作格局。各级人大要加强生态环保等重点领域地方立法和执法监督工作。各级政协要围绕美丽宁夏建设积极献计出力。严格考核问责，建立美丽宁夏建设考核指标体系和考核办法，重点考核资源消耗、空气质量、水环境、生态效益等可量化、约束性指标，逐步取消重点生态功能区和生态脆弱市、县（区）GDP 考核，把考核结果作为干部选拔任用和管理监督干部的重要参考。严格落实《党政领导干部生态环境损害责任追究办法（试行）》，制定实施细则，建立领导干部任期生态文明责任制，编制自然资源资产负债表，实行领导干部自然资源资产和环境责任离任审计，健全生态环境重大决策合法性审查及生态环境损害责任终身追究制度。

（二）加大政策支持

加大财政投入，建立生态环境保护建设资金稳定增长机制，完善绿色发展长效投入机制。统筹有关资金，设立美丽宁夏建设基金，下设生态保护建设基金和环保产业基金，重点支持生态建设、污染防治、节能减排、循环经济、环保产业发展等领域，提高资金使用效益。加大简政放权力度，降低准入门槛，畅通投资渠道，通过特许经营、PPP 等模式，完善投资回报和退出机制，引导民间资本和社会力量加大投入，积极参与美丽宁夏建设。完善政府购买生态环境服务政策，政府投资项目优先采购节能环保和再生资源产品，鼓励社会资金参与停车场、充电站（桩）、公共交通和轨道交通基础设施建设。完善环境保护市场机制，大力培育环境治理和生态保护市场主体，探索开展节能量、碳排放权交易，加大水权、排污权有偿使用及交易力度，推行环境污染第三方治理。落实国家资源能源节约、生态环保等税收优惠政策，加大地方税收政策支持，加快资源税从价计征改革。发展绿色金融，引导金融机构开发绿色信贷、保险、证券、担保、基金等产品和服务，支持具备条件的企业项目在资本市场融资。探索建立环境损害赔偿及环境污染强制责任保险制度。

（三）强化科技和人才支撑

引进培养生态环保科技领军人才、创新团队和技能人才，大力推动大众创业、万众创新。积极引进吸收国内外关键共性技术，加大资源高效利用、节能减排、污染治理、生态修复等领域技术攻关。支持建立生态环保重点实验室、研发中心，培育科技中介服务机构，推进科技成果产业化应用，优先支持生态环保成果转化项目。依托中阿技术转移中心、中阿绿博会等平台，加强生态环保领域国际交流合作。

（四）推进制度建设

把改革创新贯穿美丽宁夏建设始终，强化法治理念，建立健全科学长效的制度体系。建立自然资源管理制度。完善自然资源资产产权及用途管制制度，明确各类国土空间开发、利用、保护边界，设定并严守资源利用上限、环境质量底线、生态保护红线。健全资源有偿使用制度，严格执行工业用地出让最低价制度，完善矿山地质环境保护和恢复治理保证金制度。建立生态保护补偿制度。落实国家关于健全生态保护补偿机制的意见，完善六盘山地区生态综合补偿机制，加大对禁止和限制开发区域市、县的财政转移支付力度，建立生态保护成效与资金挂钩的激励约束机制。争取国家支持开展泾河流域跨区域生态保护补偿试点。建立独立公正的生态环境损害评估制度。完善生态环境监管制度。严格执行《环境保护法》，建立严格监管所有污染物排放的环境保护管理制度，完善污染物排放许可制度，实行企事业单位污染物排放总量控制制度，严禁无证排污和超标准、超总量排污。健全环评、能评、建设项目区域限批等制度。积极应对气候变化，有效控制温室气体排放。加强统计监测，建立资源环境承载能力监测预警机制，构建气象、地质、水利、地震、林业等防灾减灾与生态环境风险应急处置一体的防控体系，做好工业园区、化工企业环境安全风险评估、应急预案，加强日常演练和应急处置能力建设，保障生态环境安全。建立自治区环保督政督察工作机制，推进环保机构监测监管执法垂直管理，明确不同领域、不同部门、不同层次环境保护职责。健全行政执法与刑事司法的衔接机制，探索生态环保综合执法，严查严处各类环境违法行为。健全生态文明法规制度。修订完善生态建设、环境保护、资源节约等方面的法规规章，研究制定促进绿色发展、污染防治和水源地保护等地方性法规。加快制定修订一批能耗、水耗、地耗、污染物排放、环境质量等方面的标准。

宁夏回族自治区第十二次党代会将生态立区确立为重大战略

2017 年 6 月 6 日上午 9 时，中国共产党宁夏回族自治区第十二次代表大会在宁夏人民会堂召开，宁夏回族自治区党委石泰峰书记在会上作了《振奋精神 实干兴宁 为实现经济繁荣民族团结环境优美人民富裕 与全国同步建成全面小康社会目标而奋斗》的报告。报告通篇贯穿了“振奋精神、实干兴宁，为实现经济繁荣民族团结环境优美人民富裕，与全国同步建成全面小康社会而奋斗”的主题，所制定的未来我区五年奋斗目标、主要任务、工作部署、战略举措都是围绕这个主题来布局和展开的，体现了中央精神，反映了宁夏的实际和阶段性特征。报告中明确提出要“打造西部地区生态文明建设先行区”“ 大力实施生态立区战略”，强调要牢固树立保护生态环境就是保护生产力、改善生态环境就是发展生产力的理念，从过去被动的保护转变为今后主动的建设，为宁夏的经济社会发展提供环境容量支撑和环境质量支撑。

一、将打造“西部地区生态文明建设先行区”明确为今后生态环境保护与治理的主要奋斗目标

环境优美。打造西部地区生态文明建设先行区，筑牢西北地区重要生态安全屏障，生态环境保护和治理取得重大成果。万元GDP能耗、碳排放和主要污染物排放总量控制在国家下达的指标以内；黄河干流宁夏段Ⅲ类水体比例保持在100%，空气质量优良天数达到80%以上，森林覆盖率达到16%，城市建成区绿地率达到38.5%。

二、将“生态立区”确立为自治区今后大力实施的“三大战略”之一

（一）大力实施“生态立区”战略，深入推进绿色发展

良好的生态环境是最公平的公共产品、最普惠的民生福祉。必须立足宁夏生态环境脆弱的实际，牢固树立尊重自然、顺应自然、保护自然的绿色发展理念，像保护眼睛一样保护生态环境、像对待生命一样对待生态环境，坚决摒弃损害甚至破坏生态环境的发展模式，坚决摒弃以牺牲生态环境换取一时一地经济增长的做法，承担起维护西北乃至全国生态安全的重要使命，让宁夏的天更蓝、地更绿、水更美、空气更清新。

（二）打造沿黄生态经济带

宁夏因黄河而生、因黄河而兴，我们要自觉承担起保护母亲河的重要责任，全力打造生态优先、绿色发展、产城融合、人水和谐的沿黄生态经济带。严格落实空间规划，科学布局沿黄地区生产、生活、生态空间。严格控制开发强度、提高开发水平，实行最严格的水生态保护和水污染防治制度，让母亲河永远健康。按照绿色循环低碳的要求，推动沿黄地区产能改造提升、园区整合发展、产业有序转移，发展节能环保的高端产业和循环经济，建设一批生态产业园区，构建科技含量高、资源消耗低、环境污染少的生态经济体系。推广绿色生活，普及绿色消费，推动生活方式向绿色低碳转变。

（三）构筑西北生态安全屏障

把山水田林湖作为一个生命共同体，统筹实施一体化生态保护和修复，全面提升自然生态系统稳定性和生态服务功能。要构筑以贺兰山、六盘山、罗山自然保护区为重点的“三山”生态安全屏障，持续推进天然林保护、三北防护林、封山禁牧、退耕还林还草、防沙治沙等生态建设工程。贺兰山自然保护区要加大生态环境整治力度，突出构建绿色生态屏障，加强生态保护与修复，带动北部平原绿洲生态系统建设，营造多区域贯通的生态廊道。六盘山自然保护区突出构建水源涵养和水土保持生态屏障，带动南部山区绿岛生态建设，形成山清水秀、环境优美的生态廊道。罗山自然保护区突出构建防风防沙生态屏障，带动中部干旱带荒漠生态系统建设，确保人口和产业不突破环境承载能力。

（四）铁腕整治环境污染

保护环境就是保护生产力，就是保障和改善民生。必须从源头抓起，依法依规治理污染问题，持续改善环境质量。提高环保准入门槛，严格控制“两高一资”行业发展，严格落实节能减排约束指标，促进各类资源节约高效利用，从源头上为生态环境减负。深入实施蓝天、碧水、净土“三大行动”，加强环境监管体系和能力建设，坚决打好污染防治战役，持续推进城乡环境综合整治，着力解决群众关心和影响经济社会可持续发展的突出环保问题。

（五）完善生态文明制度体系

保护生态环境，必须实行最严格的制度、最严密的法治。坚持源头严控、过程严管、后果严惩，对重点生态功能区、敏感区和脆弱区实行红线管控，实行严格的耕地保护制度，开展生态保护补偿试点，大力推行河长制，构建产权清晰、多元参与、激励约束并重、系统完整的生态文明制度体系。完善绿色发展长效投入机制、科学决策机制、政绩考核机制、责任追究机制，落实党政同责、一岗双责，推行领导干部自然资源资产离任审计，实行领导干部生态环境损害责任终身追究制度。严格生态环保执法司法，落实生态环境损害赔偿制度，对各类违法行为零容忍，决不能把污染成本转嫁给社会。

三、生态立区战略的提出是指导我区今后生态环境保护和治理的重要政策支撑

人类发展活动必须尊重自然、顺应自然、保护自然，否则就会

遭到大自然的报复。尊重自然规律，才能有效防止在开发利用自然上走弯路。环境既是发展问题，也是民生问题、社会问题。良好的生态环境，与人民群众生命健康、生活质量、生产发展息息相关，是最公平的公共产品、最普惠的民生福祉。小康全面不全面，生态环境质量是关键。拥有蓝天白云和青山绿水的美好环境，是人民幸福的重要来源，是安居乐业、民族团结、文明和谐的必然要求，事关全面小康、事关发展全局。生态环境保护是功在当代、利在千秋的事业，一代人有一代人的责任。习近平总书记指出："我国生态环境矛盾有一个历史积累过程，不是一天变坏的，但不能在我们手里变得越来越坏，共产党人应该有这样的胸怀和意志。"党的十八大以来，党中央将生态文明建设纳入中国特色社会主义事业"五位一体"总体布局，绿色发展成为五大发展理念之一，充分体现了我们党奋力走出一条生态与发展相得益彰的新路的责任担当。加强生态文明建设，不仅关乎经济发展，也是民意所在，更是政治问题。2016 年 7 月，习近平总书记在宁夏视察时，为我们明确了"努力实现经济繁荣、民族团结、环境优美、人民富裕，确保与全国同步建成全面小康社会"的奋斗目标。他还强调，宁夏作为西北地区重要的生态安全屏障，承担着维护西北乃至全国生态安全的重要使命，并明确提出要建设天蓝、地绿、水美的美丽宁夏，为宁夏生态文明建设提出了新的更高要求。

近年来，我区深入实施重点生态工程，大力整治环保突出问题，生态环境和城乡人居环境得到进一步改善，"塞上江南"越来越美。但同时，我们必须清醒地认识到，在实现与全国同步建成全面小康社会目标的路上，资源环境约束趋紧仍是问题，我们面临着发展不足与生态脆弱的双重压力。底子薄、基础差、欠发达是宁夏的区情，发展不足与生态脆弱是宁夏的实际，显著的生态战略地位、巨大的生态潜力是宁夏的优势。自治区第十二次党代会提出要“打造西部地区生态文明建设先行区，筑牢西北地区重要生态安全屏障，生态环境保护和治理取得重大成果”“大力实施生态立区战略，深入推进绿色发展”，这不仅对我区加强生态环境保护、筑牢国家生态安全屏障作出了明确部署，也为建设生态文明指明了行动方向，既符合自然规律和社会规律，又满足包括生态安全、经济安全和社会安全在内的国家安全需要，同时也是中央的要求和群众的期盼。生态立区战略的提出顺应了时代发展潮流，契合了我区发展实际，具有很强的现实针对性和实践指导性，标志着我区在绿色发展的道路上迈出重要一步。

四、林业部门将勇于担当，在生态立区战略中积极作为

站在历史的新起点，自治区林业部门要按照自治区十二次党代会精神，牢固树立“四个意识”，深刻认识加强生态文明建设的重要性和必要性，聚焦生态环境重点领域、关键问题和薄弱环节，认真研究明确了今后一个时期的重点任务：

（一）实施精准造林

继续深入开展国土绿化，尊重自然、顺应自然、保护自然，坚持绿随人走、树随水走，大力实施精准造林，全面推行造林小班、

造林树种、造林模式、造林措施、抚育管护、成林转化“六精准”，确保种一片、成一片、活一片，有效提高国土绿化造林质量。大力实施六盘山重点生态功能区降水量400毫米以上区域造林绿化工程，按照自治区发改委批复同意的《六盘山重点生态功能区400毫米以上区域造林规划（2017年—2020年）》，重点在降水量400毫米以上、坡度25度以上六盘山区实施精准造林、工程造林，大幅扩大森林面积。着眼化解苗木产能、助力精准脱贫，坚持适地适树，大苗壮苗上山，用当地的苗绿化当地的家园，让当地的贫困户挣造林的钱，实现精准造林和精准脱贫“双赢”，力争4年完成260万亩造林任务，为提升我区森林覆盖率贡献2个百分点。强化森林质量提升，推进近自然林改造、天然林保护、水源涵养林建设和封坡育草、封山育林、退耕还林等工程建设，有效提升林木成活率、转化率。大力推进引黄灌区平原绿洲生态区绿网提升工程，按照自治区发改委批复同意的《引黄灌区平原绿洲生态绿网提升工程（2017年—2020年）》，以国省道两侧大绿化、黄河主河道护岸林、贺兰山东麓葡萄长廊防风带、引黄灌区农田渠系防护林为线，以乡村、学校、城镇、园区为点，以中心城市为面，在大网格、宽带幅上用力着墨，在可透视、多层次上精心打造，更好展现“塞上江南”新美景，服务“神奇宁夏”全域旅游大战略。不遗余力地推进荒漠化治理。习近平总书记等中央领导同志对宁甘蒙防沙治沙工作做出重要批示，既是鼓励鞭策，更是职责使命。今后将全面落实好防沙治沙职责，以沙化土地封禁保护项目为依托，以沙区原生植被保护为重点，以沙产业发展为补充，自然修复与人工措施并举，不遗余力、久久为功，建设好全国防沙治沙综合示范区，全力构筑北方防沙带，维护黄河中下游和京津冀生态安全。积极融入“一带一路”战略，开展好防沙治沙国际合作，讲好防沙治沙的“宁夏故事”，传播好防沙治沙的“中国经验”。

（二）强化资源管理

对标中央要求，提高政治站位，坚持生态优先、保护优先、自然恢复为主的方针，切实强化森林资源管理。加快推进以林业类自然保护区的综合整治与能力建设。按照自治区十二次党代会《报告》提出的任务部署，全面加大贺兰山自然保护区环境综合整治力度，坚决守护好贺兰山的绿水青山，突出构建绿色生态屏障，加强生态保护与修复，带动北部平原绿洲生态系统建设，营造多区域贯通的生态廊道。在六盘山自然保护区突出构建水源涵养和水土保持生态屏障，带动南部山区绿岛生态建设，形成山清水秀、环境优美的生态廊道。在罗山自然保护区突出构建防风防沙生态屏障，带动中部干旱带生态系统建设，确保人口和产业不突破环境承载能力。严守并划定生态保护红线。借助中央支持宁夏开展全国“多规合一”试点机遇，重点划定森林、湿地等生态保护红线，把生态红线落实到山头地块。明确全区生态空间，从根本上化解林地与其他地类的边界不清、“一地多证”等矛盾和问题，为全区人民留足留够生态空间。加强各类征占用生态用地的控制和引导，确保总量平衡，面积不减少。特别是对森林、湿地、自然保护区，坚决不突破红线约束，确保主要生态保护区域安全。严格森林资源管理。科学开展天然林经营，人工公益林近自然经营，推进中幼龄林抚育和退化林修复，加大疏林地、未成林地封育和补植补造，加快培育健康森林体系。建立森林、林地长效管护机制，强化新造林抚育管护，严格抚育责任制，确保林木有人栽、有人管、有技术支撑。落实森林资源目标、任务、资金、责任“四到县”，完善公益林管护县、乡（林场）、村三级保护责任体系，大幅提高森林管护经营质量。加强森林防火。坚持预防为主，积极消灭，科学防控，强化森林防火基础设施建设，加快高新技术手段和装备应用，建立健全火灾应急处置机制，严防发生森林火灾。加强病虫害防治。加大森林、农田防护林、黄河护岸林主要林业有害生物治理，压缩主要林业有害生物发生范围和危害程度，控制危险性有害生物扩散蔓延。健全完善区、市、县三级森林病虫害测报、检疫、防治网络信息系统，构建森林病虫鼠害监测预警、检疫御灾、防治减灾和服务保障等防控体系。加强野生动植物保护。开展野生动植物拯救行动，支持建设一批保护站。开展野生动物疫源疫病监测行动，建立陆生野生动物疫源疫病监测防控体系。

（三）大力发展林业经济

以满足人民群众日益增长的生态需求为主攻方向，全面推进林业供给侧结构性改革，把有效增加绿色优质林产品供给放在突出位置，坚持供给端、需求端两端发力，切实优化林产品供给结构，丰富产品供给，助力精准脱贫。按照自治区“1+4”特色产业现代化推进方案要求，突出优质、安全、绿色导向，再造枸杞产业新优势。切实抓好枸杞标准化生产、质量可追溯、“宁夏枸杞”品牌认定标准和管理办法等工作，近期以解决枸杞农残降解为主推进枸杞标准体系建设、质量安全监管、区域公共品牌塑造，全面提升枸杞质量；远期以功能性产品研发与市场有效供给，推动枸杞产业全环节升级、全链条增值，使这一“原字号”产品真正成为带动农民增收致富的大产业。推进林业“三去一降一补”。分领域、分层次淘汰林业落后产能、化解过剩产能，有效纾解传统林业产能过剩压力。注重引入新技术、新工艺、新模式扩大绿色生态产品有效和中高端供给，提高绿色产品供给质量。加快林业结构调整、转型升级，引导绿色生态产品回归合理区间，推动农林产品供需平稳均衡发展。积极适应市场需求，支持发展适度规模经营，创新市场营销方式，有效补齐短板。大力发展特色林产品。坚持去旧与育新相结合，在巩固提升红枣、苹果、花卉、山桃等地方特色产业基础上，大力发展油用牡丹、文冠果、钙果、构树等特色林果业，积极推进林产品精深加工，支持发展林下经济，以特色林产业带动精准脱贫，为贫困群众早日实现脱贫致富提供出路。大力实施长枣等特色林产品原产地和商标保护工程，提升特色农林产品品质，推动特色林产品专业化、市场化、标准化、品牌化发展。

（四）强化科技支撑

按照《报告》确立的创新驱动战略，充分发挥林业科技创新作用，把原动力放在创新驱动上，全面激活市场、激活要素、激活主体，紧紧依靠科技创新解放生产力、增强生命力。进一步调整林业科技创新方向和重点，优化林业科研资源配置，突出枸杞产业、精准造林、荒漠化治理、特色林业发展等领域，重点推进林业共性关键技术攻关和吸收消化再创新，努力攻克林业技术难关，补齐林业科技的短板，服务林业供给侧结构性改革。搭建创新平台，探索建设各种类型的林业创新中心、工程中心、研发中心、创新基地、创新示范区、科普基地，以有效载体集成、放大、引领林业科技创新，构建形成平台促创新、平台带人才、平台促转化的良好格局。加强人才培养，强化人才培养“传帮带”，支持学术带头人组建创新团队，采取实施一个项目、建设一个基地、成立一个团队、培养一批人才、转化一批成果，培养带动更多林业科技人才成长成才。推动机制创新。健全人才使用、评价、流动、激励机制，推进林业科技成果转化，完善职务发明制度和奖励报酬制度，建立推行股权分红激励政策、成果转化奖励办法。进一步改进林业科研经费使用办法，下放科研项目管理自主权，提高科技资金管理配置效率。

（五）深化林业改革

坚持目标导向和问题导向相统一，优化顶层设计，完善体制机制。扩大湿地产权确权登记试点范围。明确湿地管护主体权责，高质量完成试点任务，为在全国开展湿地产权确权登记工作提供可参考、可复制的“宁夏经验”。全面完成国有林场改革，在明确国有林场的生态公益属性，落实法人自主权，活化林场内部资源管护、人事管理、收入分配等机制上取得实质性突破，形成人员能进能出、收入优绩优酬、管护责任明确、经营方式灵活的国有林场管理体制，切实发挥国有林场在生态文明建设中的主体作用。继续深化集体林权制度改革。稳定集体林地承包关系，放活集体林生产经营权，探索建立林权交易市场，引导集体林适度规模经营，培育壮大新型林业经营主体。

（六）增加生态投入

积极争取建立生态建设专项基金，有效提高生态建设投入比重，确保生态建设工程投入长期稳定。变“补助造林”为“工程造林”，参照交通、水利、城建工程项目建设办法，每年确定一批重大林业建设工程，足额给予支持，确保集中建设、集中攻坚、集中突破，防止还“旧账”，欠“新账”。启动生态补偿工作，对维护公益林、湿地、草原、水资源等自然资源安全的地区给予补偿。积极引入PPP生态建设模式，有效引入社会资本参与生态建设，为全社会共建共享生态环境提供有利条件。搭建金融综合服务平台，将政府产业引导资金与各类金融资源有效对接，通过融资担保、委托贷款、股权投资、创业投资、助贷基金、债券发行等方式，引导社会资本进入林业生态建设、林业产业建设。鼓励开展融资担保业务，鼓励开展多元化的金融创新。通过林权抵押、股权质押、保单质押、助贷基金等多元化方式，提高信贷资金对林业产业支持的广度和深度。

“大力实施生态立区战略，深入推进绿色发展”。这是符合我区区情、顺应发展规律、顺应群众期盼作出的重大决策。学习贯彻自治区第十二次党代会精神，林业部门必须勇于担当，积极作为，扛好生态立区的大旗，坚定不移地走好绿色发展道路。

宁夏回族自治区防沙治沙条例

（2010年10月15日宁夏回族自治区第十届人民代表大会常务委员会第二十次会议通过）

第一章 总 则

第一条 为了预防土地沙化，治理沙化土地，维护生态安全，促进经济和社会可持续发展，根据《中华人民共和国防沙治沙法》和有关法律、法规的规定，结合自治区实际，制定本条例。

第二条 在自治区行政区域内从事土地沙化的预防、沙化土地的治理和利用以及监督管理活动，适用本条例。

第三条 县级以上人民政府负责领导本行政区域的防沙治沙工作。

各级人民政府应当采取有效措施，预防土地沙化，治理沙化土地，保护和改善生态质量。

自治区、设区的市、县（市、区）林业主管部门负责组织、协调、管理和监督本行政区域的防沙治沙工作。

县级以上人民政府农牧、水利、国土资源、环境保护、科技等部门和气象主管机构，应当按照各自职责，做好防沙治沙工作。

第四条 防沙治沙工作应当坚持科学统一规划，因地制宜，突出重点，防治并重，综合治理，合理利用，生态、经济和社会效益相统一，保障防沙治沙者合法权益的原则。

第五条 县级以上人民政府应当将防沙治沙纳入国民经济和社会发展规划以及年度计划，将防沙治沙所需经费纳入本级财政预算，并随着财政收入的增长逐步增加。

第六条 自治区人民政府应当制定优惠政策，鼓励和支持单位、个人进行防沙治沙。

县级以上人民政府应当按照国家有关规定，根据防沙治沙的面积和难易程度，给予从事防沙治沙活动的单位和个人资金补助、财政贴息以及依法减免税费等优惠。

第七条 自治区人民政府应当根据防沙治沙的需要，设立防沙治沙重点科研项目和示范、推广项目，加快建设国家防沙治沙综合示范区，办好中国防沙治沙大学（宁夏防沙治沙职业技术学院），加快防沙治沙专业技术人才的培养。

县级以上人民政府应当鼓励和支持防沙治沙技术推广工作；支持防沙治沙教育、科研和培训机构的建设，发挥高等院校、科研单位、防沙治沙机构的作用；支持开展防沙治沙的国际间交流合作。

第八条 各级人民政府应当组织有关部门开展防沙治沙知识的

宣传教育，增强公民防沙治沙的意识，提高公民防沙治沙的能力。

鼓励和支持公民、法人、其他组织开展防沙治沙募捐和公益性宣传活动。

第九条 县级以上人民政府应当建立防沙治沙任期目标责任考核奖惩制度。对在防沙治沙工作及其科研、技术推广中成绩突出的单位和个人，应当给予表彰和奖励。

第二章 防沙治沙规划与管理

第十条 县级以上人民政府应当依据上一级人民政府的防沙治沙规划，结合沙化土地状况及其所发挥的生态、经济和社会功能，组织编制本行政区域防沙治沙规划，报上一级人民政府批准后实施。

防沙治沙规划应当与土地利用规划、水资源规划、环境保护规划相衔接。

第十一条 沙化土地实行分类保护、分区管理。沙化土地分为封禁保护区、预防保护区和治理利用区。

封禁保护区是指在规划期内不具备治理条件的连片沙化土地，以及因保护生态需要不宜开发利用的连片沙化土地。

预防保护区是指具备自然恢复能力的连片沙化土地，以及经过治理基本形成固定沙地，但极易风化和活化的连片沙化土地。

治理利用区是指具备一定治理条件，能够通过综合治理逐步恢复改善植被和生态功能的沙化土地，以及治理后可以适度开发利用的沙化土地。

封禁保护区的具体范围，由自治区人民政府按照国家和自治区防沙治沙规划确定并公布；预防保护区和治理利用区的具体范围，由县级以上人民政府报自治区人民政府批准后公布。

第十二条 封禁保护区所在地区县级以上人民政府有关行政管理部门应当在明显位置设立标牌，明示封禁保护区的范围、界限和保护措施。

在封禁保护区内，除纳入国家规划进行修建铁路、公路等建设活动外，不得从事生产、建设和其他破坏植被的活动。

禁止在封禁保护区内安置移民。

第十三条 在预防保护区内禁止砍挖林草、放牧、开垦、挖沙、取土等活动。

经预防保护区所在地区县级以上人民政府有关行政管理部门批准，可以对预防保护区内林草植被进行抚育、复壮、补植等提高保护区生态功能的活动。

对预防保护区可以实行阶段性封禁。具体封禁期限、范围由县级以上人民政府确定。

第十四条 在治理利用区内禁止砍挖灌木、药材以及其他固沙植物。

第三章　土地沙化预防与监督

第十五条 县级以上人民政府林业主管部门应当定期对沙化土地和土地沙化情况进行监测，并将监测结果报告本级人民政府以及上一级林业主管部门。对土地发生沙化或者沙化程度加重的，收到报告的人民政府应当组织有关部门采取有效措施进行治理。

第十六条　县级以上人民政府不得批准在沙漠边缘地带和林地、草原开垦耕地；已经开垦的，应当纳入防沙治沙规划。

第十七条　县级以上人民政府林业主管部门应当严格控制防风固沙林网、林带的采伐。除抚育更新性质的采伐外，不得批准对防风固沙林网、林带进行采伐。

因林木老化、病虫害等原因确需对防风固沙林网、林带进行抚育更新性质采伐的，应当预先在其附近形成接替林网、林带，报经自治区人民政府林业主管部门验收合格后，方可采伐。

流动沙地边缘营造的乔木型防风固沙林网、林带，可以进行抚育更新性质的采伐。未达到更新标准的，不得批准采伐。灌木型防风固沙林网、林带应当按照有关规定和技术规程进行平茬抚育。对林木更新困难地区已有的防风固沙林网、林带，不得批准采伐。

第十八条　各级人民政府应当做好风沙危害区域的草原建设和管理。县级以上人民政府农牧部门应当按照草原保护、建设、利用规划和防沙治沙规划开展草地治理，保护草原植被，防止草原退化、沙化。

第十九条　县级以上人民政府林业、农牧等部门应当做好苗木品种选择和苗木病、虫害检疫，加强对林草有害生物的监测预警、调查和防治工作。

第二十条　各级人民政府应当鼓励发展替代燃料，开发利用沼气、风能、太阳能等能源，逐步改变沙化土地所在地区依赖植被资源生产、生活的方式。

第二十一条 在不适合人居和开展生产经营活动的沙化土地范围内，县级以上人民政府应当按照有关规定组织生态移民，进行治理或者封禁保护。

第二十二条 在沙化土地范围内从事油气勘探开发以及矿产资源开采的，应当采取生态环境保护措施，防止地下水水位下降、地表塌陷和植被退化。县级以上人民政府林业、农牧、水利、国土资源、环境保护等有关部门应当对开发和开采单位的生态环境保护以及地表植被恢复情况进行监督检查。

第二十三条 在沙化土地范围内从事开发建设活动的，应当依法进行环境影响评价和水资源论证，并将防沙治沙工程设施建设和生态保护措施的实施纳入开发建设项目。对可能造成水土流失、土地沙化、破坏生态环境的开发建设项目，不得批准立项。

第四章　沙化土地治理与利用

第二十四条 治理沙化土地应当坚持生物措施与工程措施相结合，因地制宜地采取退耕还林、退牧还草、封沙育林育草、建设防护林、保护湿地、小流域综合治理以及合理调配生态用水等措施，恢复和增加植被。

治理沙化土地以植树造林为主要措施的，县级以上人民政府应当鼓励和支持营造经济林，发展生态经济型林业。

第二十五条 县级以上人民政府应当合理配置水资源，推广、利用节水技术，建设配套水源工程和小型蓄水节水设施，提高水资源利用率，保障沙化土地所在地区的生态用水。

第二十六条 已经沙化的耕地，应当根据土地沙化程度，推广免耕技术、种植多年生经济作物等生态治理措施。

沙化耕地的具体范围由自治区人民政府组织林业、国土资源、农牧、环境保护等有关部门确定。

第二十七条 城镇、村庄、厂矿、部队营区、国防工业基地、农牧渔场经营区、水库周围和铁路、公路、河流、水渠两侧的沙化土地，实行单位治理责任制。

县级以上人民政府及其林业主管部门应当对治理责任的落实情况进行监督检查。

第二十八条 各级人民政府鼓励和支持单位、个人在自愿的前提下，以捐资、投入劳动、合作等形式开展公益性治沙活动。单位和个人在沙化土地上植树种草、造林绿化，享受国家和自治区造林绿化资金补助等优惠。

第二十九条 县级以上人民政府应当加强公益性治沙技术推广服务体系的建设。林业、农牧、水利、国土资源、环境保护等有关部门应当为公益性治沙活动提供治理地点和无偿技术指导。从事公益性治沙活动的单位和个人，应当按照治沙技术要求进行治理。

第三十条 单位和个人投资进行治沙的，在投资阶段依法免征有关税收；取得一定收益后，可以依法免征或者减征有关税收。

农村集体经济组织及其成员对已经沙化的土地进行集中治理投

入的资金和劳力，可以折算为治理项目的股份、资本金，也可以采取其他形式给予补偿。

第三十一条 从事营利性治沙活动的单位和个人，应当依法取得沙化土地使用权，并签订治理协议，按照批准的治理方案进行治理。

从事营利性治沙的单位和个人在治理任务完成后，应当向县级以上人民政府有关行政管理部门提出验收申请。经验收合格的，有关行政管理部门应当发给治理合格的证明；验收不合格的，应当继续治理。沙化土地治理经营权可以依法转让。

第三十二条 对在相对集中连片的沙化土地上营造的用材林达到一定规模的，实行限额采伐和木材生产计划单列，经县级以上人民政府林业主管部门批准后，自主经营、自主采伐、备案管理。

第三十三条 沙化土地范围内的生态公益林地的保护费用，应当纳入县级以上人民政府森林生态效益补偿的范围，享受国家森林生态效益补偿。

第三十四条 县级人民政府应当建立健全植被管护制度，根据需要在乡（镇）、村建立植被管护组织，确定管护人员，明确管护责任，严格保护植被。

第三十五条 因保护生态的特殊要求，沙化土地治理后经批准划为自然保护区、沙化土地封禁保护区或者生态公益林的，批准机关应当按照有关规定给予治理者经济补偿。

第三十六条 各级人民政府应当鼓励和支持单位、个人在适宜开发利用的沙化土地区域开发沙化土地资源，种植沙生林果、沙生药材、固沙牧草等沙生经济作物；鼓励发展沙区特色种植业、养殖业、加工业、旅游业和其他沙产业。

第三十七条 自治区人民政府应当对节水灌溉、沙地旱作农业、沙区能源、沙生经济作物等方面的科学研究与技术推广给予资金补助、依法减免税费等优惠。

第五章 法律责任

第三十八条 违反本条例第十二条第二款、第十三条第一款、第十四条规定的，由县级以上人民政府有关行政管理部门按照各自职责，责令停止违法行为，没收违法所得，限期恢复植被；情节严重的，处以被破坏沙化土地植被面积每平方米五元以上十元以下的罚款；构成犯罪的，依法追究刑事责任。

第三十九条 违反本条例第十六条规定，批准在沙漠边缘地带和林地、草原开垦耕地的，对直接负责的主管人员和其他直接责任人员，由监察机关或者上级人民政府依法给予处分。

第四十条 违反本条例第十七条第一款规定，除抚育更新性质的采伐外，批准采伐防风固沙林网、林带的，对直接负责的主管人员和其他直接责任人员，由所在单位、监察机关或者上级行政主管部门依法给予处分。

第四十一条 违反本条例第三十一条第一款、第二款规定，不按照治理方案进行治理，或者经验收不合格又不按要求继续治理的，由县级以上人民政府有关行政管理部门责令限期改正；情节严重的，可以处相当于治理费用一倍以上三倍以下的罚款。

第四十二条 当事人对行政处罚决定不服的，可以依法申请行政复议或者提起行政诉讼。

第四十三条 防沙治沙监督管理人员滥用职权、玩忽职守、徇私舞弊的，依法给予处分；构成犯罪的，依法追究刑事责任。

第六章 附则

第四十四条 本条例自 2010 年 12 月 1 日起施行。

宁夏回族自治区禁牧封育条例

（2011 年 1 月 7 日宁夏回族自治区第十届人民代表大会常务委员会第 22 次会议通过）

第一章　总　则

第一条 为了保护和培育林草植被，改善生态环境，维护生态安全，实现经济社会和生态环境的协调发展，根据《中华人民共和国草原法》《中华人民共和国森林法》和有关法律、法规的规定，结合自治区实际，制定本条例。

第二条 自治区行政区域内的禁牧封育活动，适用本条例。

第三条 本条例所称禁牧封育，是指为保护生态植被，在一定时期内对划定的草原（包括草山、草坡、人工草地、河滩草地）和林地等区域围封培育并禁止放养牛、羊等草食动物的管护措施。

第四条 禁牧封育工作应当遵循统筹规划、保护优先，封育结合、注重实效的原则。

第五条 县级以上人民政府负责组织实施禁牧封育工作，建立健全工作协调机制和目标考核机制，将禁牧封育工作纳入环境保护和生态建设规划，所需经费列入本级财政预算。

第六条 县级以上人民政府农牧、林业主管部门按照各自职责负责本行政区域内禁牧封育的监督管理工作。

发展和改革、财政、公安、环保、农垦等有关部门，应当按照各自职责，共同做好禁牧封育有关工作。

乡（镇）人民政府具体负责辖区内禁牧封育和舍饲养殖的组织实施工作。

各级人民政府应当加强对禁牧封育工作的宣传，对在禁牧封育中做出显著成绩的单位和个人，给予表彰和奖励。

第二章 保护和管理

第八条 自治区人民政府应当根据草原、林地生态预警监测情况，决定在一定时期内对全区或者部分地区的草原和林地禁止放牧。具体禁牧的时间、范围及其解除办法由自治区人民政府决定。

第九条 在禁牧区域内禁止下列活动：

（一）放养牛、羊等草食动物；

（二）破坏、盗窃、擅自移动禁牧的标志、围栏设施；

（三）法律、法规规定禁止的其他活动。

第十条 禁牧区域内的草原、林地所有人和使用人应当遵守下列规定：

（一）遵守草原、林地保护的法律、法规，履行合同约定的管护义务；

（二）巡逻管护；

（三）建设、改良和培育草原、林地；

（四）制止放牧和破坏围栏设施等行为，并及时报告当地乡（镇）人民政府或者农牧、林业主管部门。

第十一条　县级人民政府农牧、林业主管部门和乡（镇）人民政府应当加强对禁牧区域的管理，制定管护制度，落实管护责任。

农牧、林业主管部门应当按照各自管理职责，在禁牧区域的主要出入口、围栏区域、人畜活动区域设立草原、林地保护标志和界桩、护栏、标牌等设施，公示禁牧要求。

第十二条　禁牧区域内，国有企事业单位管理的草原、林地，由国有企事业单位负责管护；村集体经济组织管理的草原、林地，由村集体经济组织负责管护；通过承包、租赁、拍卖等形式获得使用权的草原、林地，由使用人负责管护。

第十三条　县级以上人民政府应当根据国家和自治区规定对禁牧区域内的单位和个人给予生态保护补偿和奖励。

第十四条　对禁牧区域内的牛、羊等草食动物实行舍饲养殖。县级以上人民政府对实行舍饲养殖的养殖户应当给予粮食、资金、技术等方面的补助和扶持。

第十五条　县级以上人民政府应当增加草原、林地建设投入，支持、鼓励单位和个人采取补播、补种、围栏等措施，改良、培育草原、林地，恢复生态植被。

第十六条 县级以上人民政府农牧、林业主管部门应当加强对禁牧区域内的草原、林地生态植被恢复效果的监测预报，并定期向本级人民政府报告监测结果。

第十七条 各级人民政府应当加强禁牧区域内农村产业结构调整，引导、扶持适宜当地发展的产业，促进农民增收。

第十八条 对得到有效恢复的草原、林地应当科学利用。具体办法由自治区人民政府制定。

第三章 监督和检查

第十九条 县级以上人民政府农牧、林业主管部门和乡（镇）人民政府应当建立禁牧区域的巡查制度、举报制度和情况通报制度，加强对禁牧封育工作的监督检查。

对违反本条例规定的行为，公民有权举报；接到举报的农牧、林业主管部门或者乡（镇）人民政府应当及时受理查处。

第二十条 农牧、林业主管部门和乡（镇）人民政府监督检查人员履行监督检查职责时，有权采取以下措施：

要求被检查单位或者个人提供相关的文件和资料，并可以进行查阅或者复制；

（二）要求被检查单位或者个人对草原、林地权属等情况作出说明；

（三）进入违法现场进行拍照、摄像和勘验；

（四）责令停止违法行为；

（五）实施行政处罚。

第二十一条 有关单位和个人应当支持和配合农牧、林业和乡（镇）人民政府监督检查人员的监督检查工作，不得拒绝或者阻碍监督检查人员依法执行职务。

监督检查人员在履行监督检查职责时，应当向被检查单位和个人出示执法证件。

第四章 法律责任

第二十二条 违反本条例第九条第一项规定，在禁牧区域内放牧的，由县级以上人民政府农牧、林业主管部门或者乡（镇）人民政府责令改正，给予警告，可以并处每个羊单位五元以上三十元以下的罚款；对林木造成毁坏的，除依法赔偿损失外，由县级以上人民政府林业主管部门责令补种毁坏株数一倍以上三倍以下的树木；拒不补种树木或者补种不符合规定的，由林业主管部门代为补种，所需费用由违法者支付。

第二十三条 违反本条例第九条第二项规定，破坏、擅自移动禁牧标志、围栏设施的，由县级以上人民政府农牧、林业主管部门或者乡（镇）人民政府责令限期恢复原状，并处一百元以上二千元以下的罚款；逾期不恢复的，由农牧、林业主管部门按照各自职责代为恢复，所需费用由违法者承担。

第二十四条 农牧、林业主管部门和乡（镇）人民政府工作人员在禁牧封育管理过程中，对在禁牧区域内放牧的行为不依法查处或者玩忽职守、滥用职权、徇私舞弊的，依法给予处分。

第二十五条　阻碍监督检查人员依法执行职务的，由公安机关依法处理；构成犯罪的，依法追究刑事责任。

第二十六条　当事人对农牧、林业主管部门和乡（镇）人民政府作出的具体行政行为不服的，可以依法申请行政复议或者提起行政诉讼。

第五章　附　则

第二十七条 本条例自 2011 年 3 月 1 日起施行。

宁夏回族自治区人民政府
关于进一步加强防沙治沙工作的意见

（2007 年 8 月）

土地沙化、荒漠化是全人类的公害。防沙治沙事关国土安全、生态安全和经济发展安全。我区整体生态环境脆弱，自然灾害频繁，是全国沙漠化防治重点省区之一。为深入贯彻落实《国务院关于进一步加强防沙治沙工作的决定》（国发〔2005〕29 号）、胡锦涛总书记视察宁夏重要讲话和自治区第十次党代会精神，进一步加强我区防沙治沙和生态建设，为构建祖国西部生态屏障做出重要贡献，现提出如下意见。

一、充分认识加强防沙治沙工作的重要性和紧迫性

（一）防沙治沙取得显著成效

宁夏回族自治区党委、政府历来高度重视防沙治沙工作，特别

是进入新世纪以来，按照国家实施西部大开发战略和加强生态建设的部署，各级政府坚持把防沙治沙工作摆在突出位置，认真贯彻实施《防沙治沙法》，采取一系列综合措施，有效遏制生态恶化趋势。“十五”以来，我区完成营造林任务 107.1 万公顷，全区现有森林面积 51.1 万公顷，森林覆盖率由 2000 年的 8.4%提高到 9.84%；恢复湿地 10 万公顷。全面实行禁牧封育，草原沙化得到有效遏制。据第三次全国荒漠化沙化监测结果显示，我区已累计治理沙化土地 46.7 万公顷，累计治理水土流失面积 5500 平方公里，控制水土流失面积 51 万公顷。沙化面积由 20 世纪 70 年代的 165 万公顷减少到 118.3 万公顷，实现了治理速度大于沙化速度的历史性转变，生态建设步入“整体遏制、局部好转”的新阶段。

（二）防沙治沙形势依然严峻

我区是全国沙化危害最严重的省区之一，三面环沙，干旱少雨，虽经多年治理，但荒漠化土地面积仍达 297.4 万公顷，占全区土地总面积的 57.4%，其中沙化土地 118.3 万公顷，占全区土地面积的 22.8%。全区有 13 个县、40 个乡镇、600 多个村庄、13.2 万公顷农田、121 万公顷草原遭受着沙化的危害，防沙治沙任务十分艰巨。

（三）加强防沙治沙意义重大

防沙治沙是一项社会公益事业，既是保护耕地、提高土地质量的重要基础，又是改善人民群众生产生活条件、促进沙区经济社会可持续发展和农民增收的必然途径；既是实施西部大开发战略的迫切需要，又是拓展宁夏生存和发展空间的战略选择；既是改善生态、保障生态安全的重大举措，又是推进社会主义新农村建设、构建和谐宁夏的重要保障。各地、各有关部门要从战略和全局的高度，认真贯彻落实胡锦涛总书记视察宁夏重要讲话和自治区第十次党代会精神，充分认识防沙治沙和生态建设的重要性，进一步增强责任感和紧迫感，开拓创新，真抓实干，不断改善沙区生态状况，促进沙区和全区经济社会又好又快地发展。

二、指导思想、基本原则和奋斗目标

（一）指导思想

以邓小平理论和“三个代表”重要思想为指导，全面落实科学发展观，深入贯彻《国务院关于进一步加强防沙治沙工作的决定》、胡锦涛总书记视察宁夏重要讲话和自治区第十次党代会精神，按照预防为主、科学治理、合理利用的方针，遵循自然和经济规律，以科技为先导，以创新为动力，以法制为保障，实行全区动员、全民尽责、全社会参与，重点突破，综合治理，加大保护和建设力度，加快建立和巩固以林草植被为主体的沙区生态安全体系，促进沙区农民增收和经济社会全面协调可持续发展，为构建祖国西部生态屏障做出重要贡献。

（二）基本原则

——坚持统筹规划、突出重点、分类施策、分步实施的原则，重点解决对经济社会影响大和易于治理的土地沙化问题。

——坚持预防为主、保护优先的原则，划定沙化土地封禁保护区，加强受沙化威胁区域农田的生态保护与建设。

——坚持科学治沙、综合治理的原则，积极推广应用农林牧现代实用技术和模式。

——坚持合理开发、有序利用的原则，积极发展沙产业，做到保护与开发并重，恢复和利用并举。

——坚持全社会参与、多渠道投资的原则，鼓励、引导社会各界参与沙化治理，实现多元化投资、多方面增效、全社会受益。

（三）奋斗目标

采取综合措施，全面保护和增加林草植被。力争到2010年，全区治理沙漠化面积33.36万公顷，其中：人工造林种草21.69万公顷，封育10万公顷，飞播1.67万公顷，重点治理区域生态状况明显改善；到2020年，全区60%以上可治理的沙漠化土地得到治理，沙区生态状况明显改善；到21世纪中叶，全区可治理的沙漠化土地基本得到有效治理。

三、全力落实防沙治沙重点措施

（一）认真编制并严格组织实施防沙治沙规划

依据《全国防沙治沙规划》，自治区林业局会同农牧、水利、国土资源、环境保护等部门抓紧编制《宁夏防沙治沙规划》，由自治区人民政府报国务院林业行政主管部门批准。各有关市、县（区）根据全区统一规划，抓紧编制本行政区域的防沙治沙规划，明确逐步减少沙化土地的时限、步骤和措施，分别报上一级人民政府审批。防沙治沙规划要与生态建设规划、土地利用总体规划、草原建设规划和水资源规划等相衔接，并纳入同级国民经济和社会发展规划。规划一经批准，未经原批准机关同意，任何单位和个人不得擅自修改和调整。各级政府要认真做好规划的组织实施工作，建立健全责任制，切实将规划任务落实到具体工程项目和年度目标，定期对规划实施情况进行检查、评估，确保规划任务按期完成，取得实效。

（二）着力推进防沙治沙等重点生态工程建设

积极争取国家支持，继续认真组织实施退耕还林、退牧还草、天然林保护、三北防护林、毛乌苏沙地西南缘治理等重点生态建设工程，努力增加林草植被，建立完备的防风固沙体系，加快沙化土地治理，控制沙化扩大趋势。认真组织实施湿地保护与修复、野生动植物保护及自然保护区建设工程，加大生态保护力度。切实抓好盐池、同心、中卫、灵武 4 个全国防沙治沙示范区建设，重点实施宁东能源化工基地生态绿化建设。在重点工程建设中，坚持“整体规划、分步实施、先易后难、综合治理、整体推进”的原则，整合各类项目、资金，集中实行小区域沙、水、田、林、路综合治理，提高治理成效，力争治理一片、见效一片、巩固一片。

（三）依法加强沙漠化土地的封禁保护和管理

认真贯彻实施《森林法》《防沙治沙法》《草原法》等法律法规，实行最严格的沙漠化土地管护制度，依法保护沙漠化土地资源和森林资源。继续严格实行禁牧封育，依法保护和恢复沙化区域的林草植被。对暂不具备治理条件以及因保护生态需要不宜开发利用的连片沙化土地，依法划定沙化土地封禁保护区，促进自然修复。依法严厉打击破坏沙区森林植被和野生动植物资源等违法行为，禁止一切不合理开发沙地资源、乱占滥用沙区林地、草原和破坏植被的活动。对生态状况极其恶劣，不适宜农牧民生产生活的地方，由自治区林业行政主管部门会同发展改革、财政、农牧、水利、国土资源、环保等部门，有计划地组织移民搬迁，缓解迁移区域经济活动对生态环境的不良影响。

（四）积极稳妥地发展沙产业

合理有序地开发利用沙区资源，积极培育沙区主导产业。鼓励和引导干旱地区农牧民抓住有效降雨时机，种植以柠条为主的灌木林和以紫花苜蓿为主的饲草植被，扩大禾草种植面积，推进草畜产业的发展。在有条件的沙区，积极种植枸杞、“两杏”、红枣、小杂果等经济林和甘草、麻黄、肉苁蓉等中药材，发展沙区林果和药材产业。充分利用沙区沙柳、柠条、沙棘等资源，兴办柳编、高密度板、饲料加工等企业，深度开发沙资源，提高其利用率、转化率和商品率。积极利用沙区自然景观、历史文化、动植物资源等，开辟沙区旅游、休闲娱乐等产业，促进沙区产业结构调整和农民增收。

（五）强化防沙治沙的科技支撑

认真总结推广“五带一体”“引水治沙”“生物治沙”等成功治沙经验和实用技术，继续加大防沙治沙基础科学研究和应用技术研究，针对防沙治沙的关键性技术难题，开展多部门、多学科、多层次的联合攻关，充分发挥科技支撑作用，加快防沙治沙先进技术的创新和转化。积极创新科技推广新机制，把科学技术贯穿于防沙治沙工程建设的规划设计、组织实施、检查验收、项目管理的全过程，鼓励和支持科技人员到沙区开展科技服务，努力提高工程建设质量和科技含量。对沙区开发建设项目实行环境影响评价制度，对不具备水源条件，且有可能造成土地沙化、水土流失等灾害，严重破坏生态环境的开发建设项目，不得批准立项。加强沙区水资源的保护，切实做到节约用水。建立长期的沙漠化监测预警系统，及时准确地掌握敏感重点沙化区域动态、防沙治沙工程进展情况和生态环境变化信息。

四、进一步完善防沙治沙扶持政策

（一）加大对防沙治沙的财税支持力度

认真落实国家及自治区有关防沙治沙和生态建设的各项法律法规、政策措施，保持政策措施的连续性和稳定性。在争取国家投入的同时，自治区及市、县财政要将防沙治沙资金列入财政预算和固定资产投资计划，逐步加大投入力度。各类相关金融机构要扩大面向中小企业和农户的治沙小额信贷和联保贷款，做好金融服务。允许治沙权利人依法以林地、林木、草原使用权作抵押，申请治沙贷款。工商、税务部门要认真执行现行的有关税收优惠政策，对单位和个人开展的防沙治沙及经营活动，给予税收优惠和经营资格支持，在建设期免征各项费用。

（二）建立森林生态效益补偿基金制度

按照国家有关规定和要求，进一步建立和完善森林生态效益补偿基金，纳入各级财政预算，实行分级投入、分级管理，逐步增加资金规模，用于地方公益林管护。未纳入国家补偿范围的公益林，分别纳入自治区和市县重点公益林补偿范围，按照分级负担的原则，分期分批列入自治区和市县财政预算。具体补偿办法由自治区财政、林业部门制定。

（三）实行森林植被恢复费返还恢复造林制度

按照《森林法》和《森林法实施条例》等规定，对城镇建设、工业建设等重点项目建设中被征占用的林地，收取森林植被恢复费、林地补偿费和林木补偿费。其中森林植被恢复费属于政府性基金，纳入财政预算管理，实行专款专用，专项用于林业主管部门组织的植树造林、恢复森林植被等。

（四）建立防沙治沙多元化投入机制

鼓励和支持各种社会主体投资防沙治沙事业，发展沙产业，形成政府、部门、企业、个人等全社会参与防沙治沙工作的氛围。鼓励各类企业跨所有制、跨行业、跨地区承包治理荒沙荒地，经营沙产业。各类企业和个人承包的荒沙荒地，经有批准权限的人民政府批准后，依法取得土地使用权。土地的使用期限一般为 30 年，用于植树造林的为 50 年，利用流动、半流动沙地植树种草的可以延长到 70 年。承包经营防沙治沙的企业和个人按照制定治理方案，完成防沙治沙治理任务后，经县级以上林业行政主管部门组织检查验收合格，颁发沙化土地治理合格证，享受国家防沙治沙工程项目资金补助。对其承包经营的治沙项目和沙产业项目，允许依法继承、转让和抵押，任何单位和个人不得侵犯其合法权益。同时，鼓励各市、县（区）加强防沙治沙对外合作与交流，不断扩大合作领域，引进和利用一切国内外资金、技术和先进经验，促进我区防沙治沙事业的发展。

五、加强对防沙治沙工作的领导

（一）理顺生态建设管理体制

认真贯彻落实国家有关理顺国家级自然保护区管理体制，增强管理职能，健全管理机构，增加人员编制，稳定管理经费的有关规定，从今年起，逐步将六盘山、白芨滩、哈巴湖等国家级自然保护区收归自治区林业局统一管理，充分发挥他们在防沙治沙和动植物资源保护方面的重要作用。强化自治区及各级绿化办公室在组织实施义务植树、指导城乡林业建设和协调部门绿化等方面的职能，进一步健全机构，核编定员，充实队伍。

（二）实行防沙治沙行政首长负责制

沙区各级人民政府对本行政区域内的防沙治沙工作负总责，主要领导是防沙治沙工作的第一责任人，分管领导是主要责任人。建立和认真执行行政领导防沙治沙任期目标责任考核奖惩制度，把防沙治沙的年度目标和任期目标纳入沙区各级政府的政绩考核范围，作为沙区和谐社会和新农村建设的重要内容，切实加强组织领导。县级以上人民政府林业主管部门，负责做好本行政区域内防沙治沙的组织、协调和指导工作。各有关部门要按照职能分工，各负其责，密切配合，积极支持防沙治沙工作的开展。建立防沙治沙事故责任追究制度，严厉查处违反防沙治沙规定的责任人。

（三）加强防沙治沙队伍建设

各级政府要加强防沙治沙管理机构和队伍建设，关心和帮助解决沙区基层干部生活困难，对长期在重点沙区县及基层治沙单位工作的专业技术人员，在职级晋升、技术职务聘任及其子女上学等方面给予优惠。沙区各级政府要对在防沙治沙事业中取得显著成绩的单位和个人，给予表彰奖励，对做出突出贡献的予以重奖。

宁夏回族自治区人民政府关于大力发展沙产业推进防沙治沙综合示范区建设的意见

（2009 年 12 月）

为充分利用我区沙资源，深入挖掘流沙、沙丘、沙漠开发潜力，培育和发展以沙为源的新兴产业，并通过产业发展带动防沙治沙，更好地改善生态环境，现就大力发展沙产业、推进全区防沙治沙综合示范区建设提出如下意见。

一、充分认识大力发展沙产业、推进防沙治沙综合示范区建设的重要意义

沙产业是积极利用沙漠、戈壁的土地和风光资源，在科学技术支撑下，变沙害为沙利的新型产业。我区东、西、北面分别被毛乌素、

腾格里、乌兰布和三大沙漠包围，沙化土地和荒漠化土地分别占国土总面积的22.8%和57.2%，全区有13个县（市、区）、40个乡镇、600多个村庄、13.2万公顷农田、121万公顷草场直接遭受沙化危害，是全国土地沙化最严重的省区之一。将防沙治沙与区域经济发展紧密结合起来,寓防沙治沙于沙产业开发,以开发带治理,大力发展沙产业，推进防沙治沙综合示范区建设，是贯彻落实科学发展观、构筑西部生态屏障、维护祖国腹地生态安全的战略需要；是增补干旱半干旱地区资源短缺、改善沙区群众生产生活环境、实现生态增绿、资源增值、农民增收的客观要求；是培植新型特色优势产业、调整优化产业结构、推动区域经济快速健康发展的重要举措；是应对气候变化、建设生态文明、构建资源节约型、环境友好型社会的必然选择。

多年来，一代代治沙人在长期的实践和探索中，创造出的麦草方格治沙技术和"五带一体"治理体系，解决了世界性难题，创造了人进沙退的伟大创举，实现了治理速度大于扩展速度的历史性转变，我区成为全国第一个"人逼沙退"的省区，经验在全国推广，治沙成果受到联合国环境规划署的肯定，沙坡头治沙成效获得"全球环境保护500佳"称号。这些实践经验和成功典型，为大力发展沙产业、推进防沙治沙综合示范区建设奠定了良好基础。目前，沙生药材种植、沙生灌木林和沙区经果林建设、沙区草畜养殖、沙区硒砂瓜种植、沙区设施农业发展，以及沙湖、沙坡头等沙漠旅游，以沙为原料的建材加工业，沙漠半沙漠地区高效利用风能、太阳能发电和生物质能源发展都有一定基础，具备进一步突破的条件。同时，围绕沙产业发展，已初步搭建起了具有区域特色的科技创新平台，锻炼培养了科技治沙人才，形成了防沙治沙科研成果，催生了沙产业开发民营企业。总体上看，我区已具备了一定的人力、物力、技术和环境基础，加快发展沙产业、推进防沙治沙综合示范区建设的条件日臻成熟。

二、指导思想、基本原则与总体目标

（一）指导思想

以科学发展观为统领，以市场为导向，以科技为支撑，以生态文明建设和培育新型特色优势产业为目标，发挥政府、社会和市场力量，因地制宜、分区规划、分业发展，在尊重自然规律的前提下，合理开发和有效利用沙资源，推进沙产业技术规范化、生产规模化、经营市场化、产加销一体化，实现治理与开发的有机结合，努力形成区域优势突出、资源开发合理、综合效益显著的沙产业发展新格局。

（二）基本原则

——坚持生态治理与产业开发并举的原则。以生态治理为主，在治理中开发沙产业，通过沙产业开发更好、更快地实现防沙治沙目标。

——坚持政府推动与市场带动相结合的原则。树立政府推动、市场带动、产业拉动、企业化经营的理念，激发群众参与沙产业的积极性。

——坚持规划先行与科技支撑的原则。科学制定发展规划，充分运用现代化技术和新技术成果，组织推动各类沙产业关键技术研究及其成果转化，促使沙产业有序、高效发展。

——坚持分类指导与协调推进的原则。根据不同地区的地理情况，采取不同的沙产业开发模式，协调整合各方各类资源，共同推动沙产业发展。

——坚持集约经营与持续发展的原则。实现沙区资源开发利用的高效性、持续性和多样性，保证沙产业开发经济效益、社会效益和生态效益相互促进、协调发展。

——坚持交流合作与借力发展的原则。积极建立沙产业对外交流与科技合作平台，走借势、乘势发展沙产业之路。

（三）总体目标

“十一五”末和“十二五”期间，围绕做大做强沙生中药材、沙区生态经济林、沙区草畜、沙区硒砂瓜、沙区设施农业、砂料建材业、沙区新能源、沙漠旅游八大主导产业，加快制订一批专项发展方案，健全一批研发推广机构，完善一批产业示范园区或基地，形成一支研发能力较强的科技人才队伍，发展一批龙头企业。力争沙产业产值在“十一五”末的基础上翻一番，使沙产业尽快成为我区新的优势特色产业，使我区成为全国沙产业发展和防沙治沙的重点示范区或样板区。

三、重点任务

（一）推动主导产业大发展

在全面巩固沙产业发展已有成果的基础上，围绕毛乌素沙化治理区、腾格里沙漠东南缘治理区、引黄灌区腹部沙地治理区和中部干旱带沙化土地治理区四大区域，加速发展八大主导产业。

1. 沙生中药材产业

在位于毛乌素沙地西南缘的盐池县和位于中部干旱带沙化土地治理区的红寺堡区等地区，根据不同地理条件和市场需求，以建设国家中药现代化科技产业基地为抓手，适度开发中草药天然资源，稳步发展中草药人工种植，促使以甘草、苦豆子、黄芩、麻黄、肉苁蓉、锁阳等为主的沙生中药材面积发展到300万亩。在稳定提高沙生中药材产量和质量的同时，培育壮大中药材加工企业，使沙生中药材在精深加工中提质增效。发挥沙生中药材优势，带动中医药发展，并突出区域特色，推进回医药事业又好又快发展。

2. 沙区生态经济林产业

在位于腾格里沙漠边缘治理区的中卫市沙坡头区，位于中部干旱带沙化土地治理区的同心县及盐池县、灵武市等地的部分地区，全力抓好总面积为1800万亩，柠条、沙柳、速生杨等乔灌结合的沙区经济林基地和红枣、葡萄等沙区经果林基地建设。促进以柠条为主的灌木绿色饲料加工业，以沙柳为主的人造高密度板和柳编业，以沙生灌木为主的箱板纸加工业，以速生杨为主的制浆、造纸业，以沙区绿色果品为主的精深加工业迅速发展。

3. 沙区草畜产业

在毛乌素沙地、中部干旱带沙化土地和引黄灌区腹部沙地治理区，选择地理条件好、交通相对便利的区域，实行舍饲禁牧与种灌种草两手一起抓，建立经济价值高、防护效果好的灌草基地，带动绿色饲料加工业，为发展沙区草畜产业提供充足的饲料来源。合理确定沙区草地承载量，积极推广沙区生物经济圈、家庭生态牧场等林草畜一体化模式，形成一批舍饲肉牛、肉羊、滩羊及草原鸡养殖基地。

4. 沙区硒砂瓜产业

在位于腾格里沙漠东南缘治理区的环香山地区，以育种及新品种引进为基础，充分利用沙区光热、土地资源，集成节水与土地保育技术，发展瓜果产业。重点稳定现有 100 万亩硒砂瓜种植面积，提高产品品质，推广瓜枣间作等模式，促进压砂地种植产业可持续发展。

5. 沙区设施农业

在中卫市沙坡头、中宁和灵武等地，充分利用沙区光热、土地资源，进一步推广沙漠日光温室建筑新技术和标准化生产技术，集成节水与现代农业技术，建立以企业为主体、农户参与的多元化沙地开发模式，形成设施农业新兴材料开发和设施温棚开发、种植、流通与加工有机结合的区域支柱产业链，力促沙区设施农业面积发展到 10 万亩。

6. 砂料建材业

借助国内外权威沙产业科研机构的力量，在银川经济技术开发区和中卫市等地加快开发以砂粒防渗基质、砂基透水砖、仿真草坪砖等系列产品为主的节能环保建筑材料，以孚盛砂（FSS）等系列产品为主的新型支撑剂材料，以微晶玻璃板、彩色亮光铺地砖等为主的新型建筑材料及产品。

7. 沙区新能源产业

在科学规划的基础上，合理开发并充分利用贺兰山东麓、石嘴山地区、宁东地区、太阳山地区和中卫地区的沙漠戈壁资源，为区内外投资兴建太阳能、风能发电企业提供便利条件。加大招商引资力度，在灵武市、盐池县及中卫市等沙地资源较多的地方，开发建设百万亩生物质能源种植基地，培育和引进一批引进消化吸收再创新能力较强，拥有林油一体化、生物质发电、生物质固体燃料等技术的新能源开发企业。

8. 沙漠旅游业

整合提升沙坡头、沙湖、黄沙古渡三大重点旅游景点功能，加快丰富沙漠探险猎奇、室内大漠体验、考察观光、沙漠生态旅游、沙漠湿地休闲度假等旅游内容，完善相关设施。加快开发盐池、灵武等县（市）位于毛乌素沙地治理区的沙漠旅游资源，逐步形成集旅游、休闲、商贸、文化娱乐于一体的产业化经营格局。选择适宜区域积极发展集热疗、磁疗、日光疗、放射疗和自然按摩于一体的综合沙疗服务业，使之与沙漠旅游业形成集束效应。

（二）加强沙产业科技支撑体系建设

沙产业是知识密集型新兴产业，发展沙产业必须依托强有力的科技支撑。

1. 建立沙产业科技研发平台

加强各类实验室、工程中心、技术创新中心等沙产业科技平台建设。以中国科学院沙坡头国家沙漠试验站为依托，共建沙漠旱作研究所，建立完善我区不同区域的生态试验站。鼓励沙产业龙头企业尽快建立技术创新中心，推动企业与区内外高等院校、科研机构联合组建沙产业产学研战略联盟。有关部门要精心设计并积极争取国家有关部委支持我区实施一批沙产业开发科技支撑重大项目，建设一批沙产业开发重点示范区和基地。

2. 加强沙产业共性关键技术研究

重视多学科、多层次的协作攻关，注重沙产业发展中抗寒、抗旱、抗病、防风及水分动态评价等共性关键技术研究，探索不同类型沙漠化土地综合治理的有效途径，研发适用于不同类型沙地的节水灌溉技术、肥效缓释技术和太阳能、风能合理开发利用技术，推进沙区草畜联动、高效转化及灌草产业链发展技术研究，积极将高新技术、实用技术与传统经验整合应用到沙产业开发中，加快建立适用不同类型沙漠化地区沙产业发展的技术支撑体系。

3. 建立沙产业技术和产品质量标准体系

制定沙区药用植物资源培植、保护及开发，沙生经济作物种植及利用，沙区经果林栽培及深加工等沙产业产品标准和技术标准。以名、特、优、稀沙产业主要产品为重点，制定沙生产品有害物质残留控制技术标准，沙生产品保鲜、贮藏、加工、包装技术标准等。

4. 广泛开展沙产业对外科技交流与合作

以发展低碳经济为契机，全方位开展沙产业对外开放与科技合作，积极寻求国际有关组织的支持。成立中国（宁夏）防沙治沙暨沙产业国际科技合作交流中心，每两年举办一次科技治沙和沙产业发展国际高峰论坛，争取在宁夏召开世界防沙治沙和沙产业开发大会。

四、保障措施

（一）加强对发展沙产业的组织领导

宁夏回族自治区人民政府分管科技工作的领导负责组织协调，自治区科技厅、林业局负总责，发展改革委、经济和信息委、民委、财政厅、水利厅、农牧厅、商务厅、文化厅、卫生厅、旅游局等部门积极配合，根据部门职能各有侧重、又有协作地创造性开展工作，将沙产业作为自治区一项战略性新兴产业做大做强。有关县（市、区）要将发展沙产业纳入总体部署，加快建立推动沙产业可持续发展的机制，力争沙产业在一些重点领域有新探索、新突破、新亮点。

（二）加快制定自治区沙产业发展专项规划

将发展沙产业列入自治区国民经济和社会发展规划及有关部门的产业规划，并作为建设中部干旱带旱作节水农业示范区、北部引黄灌区现代农业示范区的重要内容。科技部门负责会同相关部门和县（市、区）尽快制定操作性强、主导产业突出、有龙头企业拉动、与农民利益联系密切的沙产业发展规划。相关部门和县（市、区）要根据沙产业发展规划抓紧制订具体实施方案。

（三）加快建立多元化沙产业投资长效机制

设立自治区沙产业科技攻关与示范专项，支持资金根据发展需要逐步增加。积极争取科技部等国家有关部委项目经费，支持我区沙产业发展。积极整合财政支农、生态建设、农业综合开发、科技推广等相关专项资金，向沙产业发展领域倾斜。采取企业化运作、产业化组织方式，解决沙产业资金投入不足的问题。沙区各县（市、区）要大力支持沙产业发展。各级科技部门对沙产业科技项目要优先予以立项支持。加大沙资源推介招商力度，广泛吸纳社会力量投资开发沙产业。

（四）加快完善支持发展沙产业的配套政策

宁夏回族自治区有关部门要把沙产业列为自治区重点扶持发展的特色优势产业之一，支持沙产业研发机构、企业享受自治区生态建设、农业产业化、新能源和特色优势产业发展的优惠政策，并在新一轮西部大发展中将沙产业列为宁夏争取国家产业政策和资金支持的重点内容。通过技改贴息、财政补助等手段，支持沙产业企业加强科研机构和科研队伍建设。确立更加合理的沙产业税目、税基和税率，对沙产业企业实行轻税薄费。支持现有沙产业企业与国内有实力的企业开展合资合作和相关技术改造。

（五）培养和引进沙产业开发人才

加快培养一批沙产业专业技术人才、经营管理人才和技术带头人。全力办好宁夏防沙治沙职业技术学院，使其成为特色突出、立足宁夏、面向全国、走向世界的防沙治沙管沙用沙品牌学院。支持有关科研机构、高等院校积极培养引进沙产业专业技术人员。支持有关企业积极引进沙产业开发高层次科技人才，大力培养经营管理人才和实用技术人员，为发展沙产业提供人才支撑。

（六）积极营造加快沙产业发展的良好氛围

整合多种资源，凝聚各方力量，共同推动沙产业发展。商务部门要采取积极措施，培育、扶持一批沙产业品牌产品，提高我区沙产业新产品的市场竞争力和知名度；林业、科技、招商、农牧等部门要积极策划与沙产业开发有关的博览会、展销会、推介会等招商引资会。有关部门要借助各种新闻媒体，有针对性地宣传我区防沙治沙和沙产业开发取得的成果，积极反映广大治沙人和沙产业发展引领者自强不息、负重拼搏的精神，为全区加快发展沙产业、推进防沙治沙综合示范区建设营造良好氛围。

成就篇

宁夏防沙治沙的实践与经验

宁夏东、西、北三面分别被毛乌素、腾格里、乌兰布和三大沙漠包围，荒漠化土地面积297.4万公顷，占宁夏总面积的57.2%，其中沙化土地116.2万公顷，占宁夏总面积的22.8%，高出全国平均水平近5个百分点。

改革开放30多年来，宁夏紧紧抓住全面实施生态文明和国家实施西部大开发战略的机遇，从实际出发，深入贯彻落实科学发展观，把防沙治沙工作摆在突出位置，从摸索徘徊阶段步入快速发展时期。宁夏的防沙治沙大体分为以下三个阶段。

一、探索规模治理阶段（1979年—1995年）

1979年，当时国家林业部把西北、华北、东北防护林建设局（三北局）设立在银川，宁夏全境都被列入“三北”工程建设范围，“三北”工程的实施，加快了宁夏荒漠化土地的治理。1981年以后，中科院西北水保所、宁夏农业现代化基地办、宁夏林业厅、宁夏林业勘查设计院分别在固原地区、盐池县、同心县等16个播区，连续进行了7年的飞播造林试验，总面积达到6969公顷。1985年，宁夏林学会与中国地理学会沙漠分会在沙坡头联合举办了“三北”地区治沙讲习班，重点讲述国内外治沙学科成就与宁夏沙坡头治沙经验，极大地推动了宁夏防沙治沙工作的开展，第一次对外展示了宁夏防沙治沙的经验与模式。1986年至1988年在盐池县、灵武市流动、半流动沙地上飞播治沙造林试验2400公顷，保存率达到75%，植被覆盖度由10%提高到60%左右。后经1990年鉴定会认定：在毛乌素沙地的飞播治沙造林是成功的，宁夏飞播造林治沙已达到国内飞播造林的同等水平，这也为90年代以后在宁夏进行大面积的飞播治沙造林奠定了基础。1991年7月20日全国绿化委员会、林业部、人事部表彰了一批全国治沙先进单位和劳动模范，宁夏盐池县荣获全国治沙先进单位，宁夏盐池县柳杨堡乡党委书记冒广荣获全国治沙劳动模范。1991年10月5日，国务院批准关于《1991—2000年全国治沙工程规划要点》，按照该《规划要点》，宁夏回族自治区人民政府决定成立自治区防沙治沙工作领导小组，制定全区治沙十年规划和五年计划等。

同时，这一阶段，宁夏防沙治沙科研工作取得了丰硕的成果。在沙区综合整治上，通过建试验示范区的形式，以点带面，推动防沙治沙工作的开展。1991年3月，宁夏回族自治区科委、林业厅、畜牧局批准盐池县申报的《盐池县沙漠化土地综合整治项目》立项。经过五年建设，有林面积由试点前的2.67万公顷，增加到6.9万公顷，完成划管封育、围栏补播及人工种草6.06万公顷，草原产草料提高 2.4 倍，使 6.6 万公顷沙化面积得到治理，1.3 万公顷流沙得到控制。1992 年 3 月，林业部治沙办、宁夏林业厅确定在盐池县马儿庄乡建立治沙试验示范区，1993 年正式启动，两年后试验示范区移至柳杨堡乡，并于 1996 年正式实施，共完成治沙面积 1580 公顷，总结出“依靠科学技术，充分开发沙区资源，发展多种经营，建立一个治理、保护、利用结合，农、林、牧协调发展，生态、经济、社会效益相统一的综合治理模式”，并逐步推广到生产中，对沙区的综合整治起到很好的指导示范作用。

随着改革开放的不断深入，宁夏在对外合作防沙治沙方面也取得了一定成绩。1990 年 3 月 2 日，日本海外林业咨询协会与自治区林业厅就治沙造林合作研究项目签署了协议书，计划 1989 年至 1992 年在盐池县高沙窝林场合作营造治沙试验林 50 公顷。该项目研究成果对沙漠化土地的治理具有重要实用和理论价值，达到国际同类研究的先进水平。“十五”以前，宁夏引进和实施的对外合作林业项目 4 个，实施完成 2 个，协议引进外资折合人民币 10760 万元，完成投资 8070 万元。

1995 年宁夏开展的沙质荒漠化普查结果显示，全区共有沙质荒漠化土地 125.6777 万公顷，占全区总土地面积 518 万公顷的 24.3%。宁夏沙质荒漠化土地 70 年代后加大了治理力度，24 年减少 6.98 万公顷，年均减少 0.29 万公顷，初步实现了沙质荒漠化土地的逆转。

二、快速综合治理阶段（1996 年—2005 年）

进入 20 世纪 90 年代以来，宁夏防沙治沙治理规模进一步扩大，治理措施也更加多样化，在南部山区实行了山、水、田、林、路小流域综合治理，控制水土流失；在中部沙区，开展沙漠化综合治理，营造沙漠绿洲；在北部引黄灌区，大搞农业综合开发和农田基本建设和低产田改造，防治土壤盐渍化。90 年代后期，依托“三北”防护体系建设等国家重点林业工程，使宁夏荒漠化和沙化防治进入了一个规模治理、稳步发展的新阶段，宁夏的防沙治沙进一步向科学化、规范化迈进。同时，自治区出台了一系列优惠政策。放宽拍卖、租赁、承包以及无偿划拨宜林沙荒地的治理开发使用年限，使用期限放宽到 30 年或 50 年，流动、半流动沙地可以延长到 70 年，并且允许继承转让和抵押。实行税收等优惠扶持政策，在资金使用上对防沙治沙项目发放政府贴息贷款。为了唤醒公众的防沙治沙意识，为了纪念“6.17”世界防治沙漠化和干旱日，1997 年宁夏开展了纪念“6.17”万人签名活动，活动历时 12 天，近 3 万人参加。此后每年宁夏都要举行“6.17”系列宣传活动，推动全社会的荒漠化防治。

“十五”期间宁夏不断以大项目、大工程带动荒漠化防治，先后投资 40 多亿元，建成了盐环定扬水、沙坡头水利枢纽、宁夏扶贫扬黄等大型水利工程，实施了天然林保护、退耕还林、三北防护林等 6 个百万亩重点生态建设工程。在这些大工程的滋润下，宁夏新建沙漠绿洲 300 多万亩。与此同时，宁夏抢抓世界发达国家援助中国生态建设的机遇，积极引进林业外援项目，成果丰硕。在此期间，宁夏新引进实施的对外合作林业项目 9 个，协议引进外资 31000 万元人民币，实施完成项目 8 个，完成外资投资 27000 万元人民币，占所有外援项目投资的 75%。通过外援项目共完成人工造林 26000 多公顷，实施封山育林 30000 公顷，草方格治沙 3000 公顷，建设林区道路近 300 公里，基础设施 68 处（批），引进各种设备 90 台（套）。项目区林草覆被率提高了 5 个至 20 个百分点，改善了当地生态环境的同时，通过发放劳务报酬、发展经济林，也增加了项目区农民的收入，促进了当地农村经济的发展。例如 2002 年由世界农发基金组织出资 50000 美金，启动了联合国全球机制宁夏荒漠化治理试点项目，该项目提出并制定了以人为本、科学治理的实施方案，借助项目提供的微薄资金，开展荒漠化土地综合整治，扶持农民发展庭院经济和养殖业，在较短时间内使农民的人均收入由项目实施前的不足 1000 元增加到 3000 多元，为荒漠化土地综合整治起到了示范。由日本政府提供无偿援助 14.7 亿日元（折合人民币 9000 万元）实施的“中国黄河中游流域宁夏防护林建设项目”，在宁夏盐池县、灵武市、平罗县项目区推广草方格治沙 64215 亩，发放劳务费 3500 万元。该项目第一次大面积推广了草方格治沙技术，实现了生物与工程治沙的规模化，也实现了生态与扶贫的双丰收。

2001 年 8 月 31 日第九届全国人民代表大会常务委员会第二十三次会议审议通过《中华人民共和国防沙治沙法》，2002 年 1 月 1 日起正式实施，标志着我国防沙治沙工作从此步入法制化轨道，宁夏认真学习《防沙治沙法》，并组织专门力量，结合宁夏的实际情况，制定了符合宁夏实际的《贯彻执行防沙治沙法的具体实施办法》，为依法防沙治沙、遏制土地沙化提供了前期的操作性规范。

2005年，第三次全国荒漠化沙化监测结果发布，宁夏已累计治理沙化土地46.7万公顷，沙化面积由20世纪70年代的165万公顷减少到118.3万公顷，1994年至2004年10年间土地沙化面积减少5.3万公顷，减幅为4.3%，其中流动沙地和半固定沙地分别减少37.9%和59.7%。实现了治理速度大于扩展速度的历史性转变，成为全国第一个实现沙漠化逆转的省区。

三、全面规模治理阶段（2006年至今）

2007年3月26日—27日全国防沙治沙大会在北京举行，会上，宁夏回族自治区人民政府做了《认真贯彻落实科学发展观进一步巩固和扩大防沙治沙成果》典型经验交流发言。2007年8月24日，自治区党委、政府召开了宁夏防沙治沙大会，自治区党委、人大、政府、政协分管领导参加了会议，会议传达了全国防沙治沙大会精神，自治区政府与各市政府、自治区农垦局负责人签订了防沙治沙目标责任书。会上提出，力争到2010年，全区治理沙漠化面积33.36万公顷，其中人工造林种草21.69万公顷，封育10万公顷，飞播1.67万公顷，重点治理区域生态状况明显改善。到2020年，全区60%以上可治理的沙漠化土地得到治理，沙区生态状况明显改善；到本世纪中叶，全区可治理的沙漠化土地基本得到有效治理。2007年10月9日自治区人民政府出台《关于进一步加强防沙治沙工作的意见》，再一次释放全区防沙治沙的活力，对开展防沙治沙在承包、租赁、拍卖、信贷、贴息等方面的优惠扶持政策得到进一步明确。2008 年 1 月，联合国“防治荒漠化国际会议”在北京召开，宁夏代表中国在会议上发言介绍防沙治沙经验。出席会议的联合国副秘书长沙祖康称赞：宁夏防沙治沙的成功模式对其他国家来讲，具有指导意义。一年之后的联合国气候大会在丹麦首都哥本哈根开幕，宁夏防沙治沙的经验再次引起世界关注。

2008 年，国务院《关于进一步促进宁夏经济社会发展的若干意见》中支持宁夏建设全国防沙治沙综合示范区，加快毛乌素沙地、腾格里沙漠东南缘沙化土地综合治理，构筑祖国西部生态安全屏障。宁夏根据国家要求，遵循科学、综合、依法的方针，针对宁夏沙化土地的分布现状、扩展趋势、治理方向以及区域生态环境特点，组织编制了《宁夏全国防沙治沙示范区建设规划》（2008 年—2020 年），计划用 13 年时间，治理沙化土地 769 万亩，营造生态防护林 273 万亩，培育生态经济林 79 万亩，林药间作 110 万亩，封山育林 307 万亩。国家林业局很快批复了该规划，并与宁夏自治区政府签定了会议纪要，提出对宁夏全国防沙治沙示范省区建设给予支持。

为了让宁夏的防沙治沙叫响中国，叫响世界，宁夏党委政府锲而不舍、持续推进林业对外交流。2009 年启动了中德财政合作中国北方荒漠化综合治理宁夏项目，是在成功实施贺兰山东麓生态林业工程项目之后，德国政府援助宁夏的第二个林业项目。项目总投资 16655 万元，其中德国政府提供 950 万欧元的援助资金，宁夏各级政府配套 7155 万元人民币，在宁夏中部干旱带的盐池、中宁、中卫、红寺堡四个县（市、区）以及罗山国家级自然保护区 5 个县级项目实施单位，治沙造林5万公顷。随后，宁夏黄河东岸防沙治沙与生态保护项目2009年被国务院批准列入世界银行贷款2010至2012财年备选项目规划，项目2012年正式启动，利用世界银行贷款8000万美元（折合人民币49107万元），宁夏区政府配套10699万元，通过5年的努力，在宁夏灵武市、青铜峡市、利通区、盐池县和中卫市县区完成荒漠化综合治理和土地退化控制、防护林带建设70.9万亩。在此期间，宁夏启动实施了3个日本援助的以防沙治沙为主要内容的小渊基金项目。国际合作项目的实施，规模化地推广了防沙治沙的技术成果，提升了防沙治沙的管理水平，弥补了防沙治沙资金不足，宁夏防沙治沙效果凸显，成绩斐然。

但是，宁夏并没有就此满足，而是探索在防沙治沙基础上变沙害为沙利，通过发展沙产业寻求一条科学治沙用沙的路子。2009年12月，自治区政府第54次常务会议原则通过了《关于大力发展沙产业推进宁夏防沙治沙综合示范区建设的意见》，决定未来10年投资113亿元，通过加速发展沙生中药材产业、沙区生态经济林产业、沙区瓜果产业、沙区设施农业、沙料建材业、沙区新能源产业和沙漠旅游休闲业，加快发展沙产业，化沙害为沙利，向沙漠要效益。2010年10月15日自治区第十届人民代表大会常务委员会第二十次会议又通过了《宁夏回族自治区防沙治沙条例》，自2010年12月1日起施行。这为宁夏化沙害为沙利提供了法律保障，保障了区内防沙治沙者的合法权益，也使已摸索出来的好的政策措施更能行之有效地得以实施。

国家林业局第五次全国荒漠化和沙化监测结果显示：“十二五”

期间，宁夏完成治沙造林 401.67 万亩，森林覆盖率由“十一五”的 11.9% 提高到 2015 年 12.63%，荒漠化土地和沙化土地面积双缩减，实现了沙化土地连续 20 多年持续减少的目标。然而，实现沙漠化逆转只是开始，防沙治沙依然是宁夏一项长期而艰巨的任务。

多年来，宁夏持之以恒地推进防沙治沙工作，取得了显著成效，向国内外传播着防沙治沙的“中国经验”。

1. 坚持科技带动，完善不同区域防沙治沙模式

防沙治沙重在科技带动，宁夏在长期防沙治沙工作中，依靠科技带动，探索出了不同区域的治沙模式。在腾格里沙漠建成包兰铁路两侧固沙防火带、灌溉造林带、草障植树带、前沿阻沙带、封沙育草带组成的长 60 公里、宽 500 米的“五带一体”防风固沙体系；在毛乌素沙地，探索出了灵武白芨滩林场的外围灌木固沙林，周边乔灌防护林，内部经果林、养殖业、牧草种植、沙漠旅游业“六位一体”防沙治沙发展沙区经济的模式；在盐池县等半荒漠地区，积极推广流动半流动沙丘草方格固沙种树（灌木）种草治沙技术，并在乔灌草合理配置、杨树沙柳深栽、营养袋反季节造林等方面取得了突破。

2. 坚持示范引领，稳步推进全国防沙治沙综合示范区示范

防沙治沙重在示范引领。多年来，对盐池县、灵武市、同心县和沙坡头区四个全国防沙治沙示范县，在三北防护林工程、中央财政和外援项目等方面向这几个县区倾斜，优先安排了沙化土地封禁保护项目和沙漠公园建设。通过不懈努力，仅盐池一个县就有 200 多万亩沙化土地得到有效治理，50 万亩流动沙丘基本固定，120 万亩退化草原植被得到恢复，全县森林覆盖率和植被覆盖度分别达到 31% 和

65%。在工作实践中，除了面上的示范带动，宁夏非常分重视一个点、一个人物的示范引领。诸如全国“双百”感动中国人物、“建国 60 周年最具影响力劳动模范——时代领跑者”全国林业系统唯一当选者、全国治沙英雄王有德同志，带领宁夏白芨滩防风固沙林场干部职工，共营造防风固沙林 58 万亩，控制流沙近百万亩，尤其是近 10 多年的治沙规模、速度和成效是 2000 年以前 30 年的总和，创造了世界治沙史上的奇迹。王有德同志退休后，继续发挥余热，于 2013 年成立了宁夏沙漠绿化与沙产业发展基金会，截至目前已募集资金 1300 万元，先后实施了银川市政府水土保持项目、TATA 木门公益林项目；年过七旬的王恒兴是原是一名企业家，却毅然走进渺无人烟的毛乌素沙地，要栽树治沙“反哺”地球，自己融资 1.9 亿元，实施了庙庙湖万亩生态园建设工程，采用滴灌、喷灌等方法种植了 335 万株乔木和灌木。正是有王有德、白春兰、王恒兴等这样一批艰苦奋斗、无私奉献的治沙带头人，激励更多人投身防沙治沙事业，才使宁夏形成了一代接着一代干，代代共圆‘绿色梦’的防沙治沙氛围。

3. 坚持立足长远，率先在全国实行全省范围禁牧封育

防沙治沙重在源头预防。宁夏回族自治区党委、政府于 2003 年 5 月 1 日率先在全国以省为单位全面实行禁牧封育。经过 13 年的禁牧封育，今天的宁夏，植被覆盖度显著增加，土地沙化趋势得到明显遏制。为进一步巩固扩大禁牧封育成果，自治区先后出台了《宁夏回族自治区防沙治沙条例》《宁夏回族自治区禁牧封育条例》《关于进一步加强禁牧封育工作的通知》（宁党办〔2011〕26 号），以硬措施、硬办法落实禁牧封育这项硬任务，为

全区的修复生态、改善环境提供了坚强保障。目前，区内天然草原产草量平均提高了30%，干草原和荒漠草原两个主要草原类型植被覆盖度分别增加了30%和50%。

4. 坚持产业拉动，实现防沙治沙主体多元化

防沙治沙重在可持续发展。宁夏始终坚持治沙与用沙相结合，坚持走生态产业化、产业生态化的路子，积极培育壮大沙产业，着力促进农民增收，努力实现沙退民富。为此，自治区政府出台了《关于大力发展沙产业 推进防沙治沙综合示范区建设的意见》，鼓励各社会主体积极发展枸杞、葡萄、红枣等经济林产业，开发利用柠条、沙柳等沙生灌木，积极发展沙漠旅游、光伏发电等新型沙产业。目前，全区各类沙产业产值达35亿元以上，其中，沙区经果林和沙生灌木饲料加工年产值16亿元以上，沙漠旅游业产值达12亿元以上。与此同时，在国家林业局的关心支持下，自治区积极引进外援治沙项目，通过中德、中日、中韩、世界银行等项目，落实外援治沙资金3.5亿元，治理荒漠化面积150多万亩。目前，在宁夏多主体参与的防沙治沙局面已初步形成。

5. 坚持问题导向，持之以恒做好防沙治沙工作

宁夏主体单一，国家、自治区都没有防沙治沙专项经费支持，主要依托国家重点生态林业工程；沙区自然条件恶劣，植被稳定性差，恢复的植被一旦遭到人为破坏，生态环境极易再次恶化。同时，沙区后续产业发展较慢，处于较低发展水平，尚未形成良性循环经济。随着社会的不断进步，人民群众对生态环境的期望越来越高，防沙治沙、改善生态已成为全社会的广泛共识。为此，宁夏针对防沙治

沙工作中遇到和面临的问题，研究制定了相应措施：一是严格落实保护措施。坚持保护优先、自然修复为主，推进沙化土地封禁保护区建设，对于一些暂不具备治理条件的沙化土地，亟须划定沙化土地封禁保护区，实行严格保护。二是积极呼吁国家制定出台更加优惠、更具针对性的防沙治沙政策。建立荒漠生态补偿政策和防沙治沙奖励补助政策，建立稳定的防沙治沙投入机制，完善税收优惠政策和金融扶持政策。同时，在自治区层面进一步建立健全防治荒漠化和沙化目标责任考核、荒漠化和沙化地区开发建设项目环境影响评价等制度，加强生态环境损害责任追究，积极推进柠条饲料加工等产业发展政策。三是加强科技支撑。加大防沙治沙科技创新投入，努力在干旱半干旱条件下植被恢复关键技术上取得新突破，加快新技术、新模式、新成果以及实用技术的推广应用，加强监测网络体系建设，提高防沙治沙的科技含量。四是加强部门间的协调与合作。统筹整合林业、农业、水利、扶贫、农发等项目、资金，形成合力，提高防沙治沙综合治理成效。五是进一步扩大国际合作与交流。抢抓“一带一路”的战略机遇，在实施好德援二期、黄河东岸世行贷款等国际项目的同时，加强与国外机构、组织的联系与合作，加强技术引入与输出，从2006年到2015年，宁夏举办过七届“阿拉伯国家防沙治沙技术培训班”及一届“阿尔及利亚防沙治沙技术培训班”，学员来自阿盟成员国中的21个国家，累计人数达170多名，扩大防沙治沙技术的交流与融合。

宁夏防沙治沙的七个全国第一

宁夏是全国唯一的省级防沙治沙综合示范区，拥有全国第一个国家沙漠公园——中卫沙坡头国家沙漠公园、第一个荒漠湿地类型国家级自然保护区——盐池哈巴湖自然保护区、全国唯一的防沙治沙展览馆，并创新和引领了草方格治沙等不同区域的防沙治沙模式。迄今为止，在防沙治沙方面宁夏已创造了七项第一，贡献出了宁夏经验。

一、持之以恒地推进防沙治沙工作，率先在全国实现沙漠化逆转

被腾格里、毛乌素、乌兰布和三大沙漠包围的宁夏回族自治区长年干旱少雨，是我国土地沙漠化最严重的地区之一。新中国成立以来，宁夏各级人民政府一直高度重视荒漠化土地治理工作，通过不断加大治沙力度，在沙漠边缘大面积扎草方格固沙植树，宁夏在沙尘源头筑成一道“草长城”。累计治理风蚀面积 39 万公顷；治理水土流失面积 51 万公顷，每年可保水 16 亿立方米，减少入黄泥

沙 0.4 亿吨；治理盐渍化耕地 6.2 万公顷。全区沙漠化土地面积由 1949 年的 165 万公顷，减少到 118.3 万公顷，森林覆盖率由解放初的 1.3% 增加到 2000 年的 8.4%，在全国率先实现了沙漠化逆转，实现了人进沙退的良好局面。

二、宁夏建设了全国唯一的省级防沙治沙综合示范区

多年来，在党中央、国务院的亲切关怀和大力支持下，宁夏从实际出发，强化措施，狠抓治理，防沙治沙取得了一定的成效。但由于持续干旱、牲畜超载等各种原因，荒漠化趋势依然十分严重。作为小省区，沙化、荒漠化面积比例较大，建设宁夏全国防沙治沙示范省（区），以保护和巩固现有生态建设成果为基础，推广宁夏在长期防沙治沙实践中摸索出的不同沙地类型的治理模式和成功经验，对于推动全国特别是西北和黄河上游地区的生态恢复与重建，开创全国防沙治沙新局面具有十分重要的引导和示范作用。

2008 年，国务院《关于进一步促进宁夏经济社会发展的若干意见》中支持宁夏建设全国防沙治沙综合示范区。这是全国第一个也是唯一一个省级防沙治沙综合示范区。宁夏根据国家要求，针对宁夏沙化土地的分布现状、扩展趋势、治理方向以及区域生态环境特点，组织编制了《宁夏全国防沙治沙示范区建设规划》（2008 年—2020 年），计划用 13 年时间，治理沙化土地 769 万亩，营造生态防护林 273 万亩，培育生态经济林 79 万亩，林药间作 110 万亩，封山育林 307 万亩。国家林业局很快批复了该规划，并与宁夏自治

区政府签订了会议纪要，提出对宁夏全国防沙治沙示范省给予支持。宁夏防沙治沙省级示范区开始逐步推进建设。

三、宁夏中卫沙坡头成为全国第一个国家沙漠公园

宁夏中卫市地处腾格里沙漠东南缘，沙漠面积达1066平方公里。中卫沙坡头治沙成果受到联合国环境规划署和国家有关部门的肯定，曾获“全球环境保护500佳”称号和“全国科技进步特等奖”。2013年8月，国家林业局同意在中卫沙坡头设立首个“国家沙漠生态公园”。该公园东至迎闫公路，南至包兰铁路，西至定武高速公路孟家湾收费站，北至宁夏、内蒙古交界处，面积77平方公里。依托中卫沙坡头国家沙漠公园的设立标准和条件，同年9月，国家林业局发出通知，决定开展国家沙漠公园建设试点工作，对国家沙漠公园面积、公园中沙漠比例，申报公园的典型性、科普性、人文性等做出明确规定。

四、宁夏盐池哈巴湖成为第一个荒漠湿地类型的国家级自然保护区

宁夏盐池哈巴湖国家级自然保护区位于宁夏回族自治区中北部，处于陕西、甘肃、宁夏、内蒙古四省区交界，保护区总面积8.4万公顷，植被覆盖率80%以上，就似一颗绿色的明珠，在茫茫沙区散发着夺目的光彩。2006年2月经国务院批准为国家级自然保护区，

成为第一个荒漠湿地类型的国家级自然保护区。主要保护对象是荒漠—湿地典型的自然生态系统。区内有野生维管束植物 315 种，国家一级保护动物 4 种、二级保护动物 18 种。其特有的沙、水、草、树、鸟等风景要素在这里巧妙结合，形成独特的干旱、荒漠地区自然景观，比较完整的自然生态系统，具有重要的教学和科研价值。

五、宁夏灵武白芨滩建成了全国唯一的防沙治沙展览馆

宁夏灵武白芨滩国家沙漠公园是由国家林业局批准设立，总面积达 6.6 万亩。为了突出沙漠文化、沙漠知识的宣教与展示，在白芨滩国家沙漠公园内建设了全国唯一一个防沙治沙展览馆，建筑面积 2600 平方米，分沙漠印象、沙化危机、沙漠宝藏、与沙共舞、白芨滩的故事五展厅和放映厅，反映新中国成立以来波澜壮阔的防沙治沙史，以宣传生态文明，弘扬治沙精神。

六、宁夏防沙治沙职业技术学院是全国唯一一所以防沙治沙为主要学科的大学

宁夏防沙治沙职业技术学院是经宁夏回族自治区人民政府批准设立，国家教育部备案的集高等职业教育公办全日制高等学校。学院以生态环境建设为重点，设置防沙治沙工程系、环境与资源工程系、现代农业工程系、食品与生物工程系（葡萄酒工程技术方向）和风景园林系，是全国唯一一所产、学、研相结合的防沙治沙专业

院校。联合国环境规划署将宁夏防沙治沙职业技术学院确定为联合国防治荒漠化的机构之一，并与宁夏签署了合办防沙治沙大学的两次会议纪要，计划与中国牵手培养防沙治沙人才。

七、宁夏率先在全国以省为单位全面实行禁牧封育

在宁夏而言，全区封山禁牧是最适宜本地自然条件的生态治理模式。为实施西部大开发战略和加快宁夏生态建设步伐，2003年5月1日，宁夏回族自治区在全国率先实现全区封山禁牧，共完成草原禁牧面积301万公顷，落实草原承包面积216万公顷，380万只原本放牧散养的羊只全部“下山入圈”，实行舍饲圈养，使宁夏的山川得以休养生息，采取如此重大的举措对防沙治沙建设、对全区生态效益的贡献不言而喻。

宁夏防沙治沙模式选择

在长期的防沙治沙历程中，宁夏积累了一定的经验，针对不同区域、不同立地类型，坚持宜造则造、宜封则封的原则，通过采取生物、工程、水利、农艺、移民搬迁等措施，进行封飞造结合、乔灌草结合、农林牧结合、旱治与水治结合的综合治理，摸索总结出了沙坡头地区铁路沿线“五带一体”治沙模式、毛乌素沙地生态综合治理模式、灵武白芨滩“五位一体”治沙模式和扬黄灌溉生态农业（林业）综合开发模式，加快了治理速度，提高了治理成效。2007 年 11 月在宁夏召开了全国防沙治沙现场会，总结和推广了宁夏治沙模式，为全国学习借鉴宁夏治沙经验提供了技术支撑。

一、宁夏主要的几类防沙治沙模式

（一）沙坡头地区铁路沿线“五带一体”治沙模式

为保护我国第一条沙漠铁路——包兰线的畅通，宁夏中卫沙坡头地区总结出了卵石防火带、灌溉造林带、草障植物带、前沿阻沙带、封沙育草带“五带一体”的综合治沙模式。从铁路线轨向主导风向一侧依次为：固沙防火带，即在铁轨上主风侧 20 米（次风侧 10 米）内，设置卵石面台，形成固沙防火带，防止漏碴引起麦草方格起火；灌溉造林带，是在紧邻固沙防火带 40 米至 60 米范围内，削平高低起伏的沙丘，设置麦草方格沙障固沙后修建灌溉设施，就近引黄河水浇灌，营造乔灌木混交林；草障植物带是沿灌溉造林带外侧 160 米至 240 米范围内，先扎设麦草方格沙障固定流沙，然后在无灌溉条件下种植沙生植物形成草障植物带。该地带是铁路防风固沙的主体; 前沿阻沙带，沿草障植物带再设置 1 米高的枝条栅栏1道，起阻挡流沙入侵作用；封沙育草带是邻前治阻沙带 100 米左右范围内，进行封沙育草，禁止放牧、樵采，以促使天然植被恢复。

“五带一体”治沙模式是科研与生产相结合、生物与工程措施相结合、水路与旱路相结合，因地制宜、就地取材，科学创立的防治铁路沙害的有效模式解决了世界性难题，创造了人进沙退的伟大创举，该项成果被评为国家科学进步特等奖，被联合国环境规划署确定为“全球环境保护 500 佳”。固定了流沙，绿化了沙漠。

（二）毛乌素沙地生态综合治理模式

该治理模式主要分为两个区域：在盐池、灵武等地，主要是治理分散的流动、半流动沙丘和沙化草原区，以草方格固沙为基础，利用天然水分在格内和丘间种植耐旱草类和灌木为主封育固沙；沙化草原则以种植耐旱灌木、补播牧草为主，实行草原禁牧封育等措施，使沙化草原恢复或修复植被；在平罗河东沙地丘间补种适生灌木，封育修复。主要是对流动、半流动沙丘进行植被修复性治理，把沙丘间自然水分条件较好的低地利用雨季点播，补植当地适生灌木花棒为主要技术措施，修复沙地植被，防风固沙改善生态环境。

（三）灵武白芨滩“六位一体”治沙模式

宁夏灵武白芨滩国家级自然保护区（白芨滩防沙林场），地处毛乌素沙漠西南边缘，是一个以防风固沙造林，保护生态环境为主的国有事业单位。建场60多年来，累计治沙造林63万亩，有效保护了黄河、河东机场及宁夏平原万顷良田和宁东工业基地的生态安全。经过多年总结，灵武白芨滩防沙林场不断创新治沙方法，在治沙技术上，改变了过去一季造林、成活靠天被动治沙模式，探索出“六位一体”防沙治沙发展沙区经济的模式，即：在沙漠外围营造大面积以灌木为主防风固沙林，把流沙固定下来，形成第一道生态防线；围绕干渠、公路、果园周围建设多树种、高密度、宽林带、乔灌结合、针阔混交的大型骨干林带，把风势减缓下来，构成第二道生态防线；在两道生态防线的保护下，内部引水推沙造田，培育经果林和苗圃；在田间空地，种植畜草，发展养殖业，形成了牲畜粪便肥田、林草养殖牲畜两项循环产业；借助独有的综合一体沙漠景观，建成国家沙漠公园，积极发展生态文化旅游。这种模式实现了治沙与致富同步发展，创造了改造利用沙漠、发展循环经济的成功范例，被国务院确定为推进宁夏经济建设重点推广模式。

（四）扬黄灌溉生态农业（林业）综合开发模式

扬黄灌溉生态农业（林业）综合开发型模式，主要是对大面积沙化土地的治理利用和分布其间的流动、半流动沙丘的治理，采取“一水、二林、三田”的营造沙漠绿洲方法，即以水利灌溉工程体系为基础，实行生态农业、林业等综合开发技术措施，进行综合建设的经济开发型模式。

针对沙区不同类型，要因地制宜地采取不同治理模式：

1. 毛乌素沙地治理区采取的主要治理措施为

推广白芨滩综合治理模式和经验，对流动沙地，以国营林场为骨干，采取草方格固定沙丘先行，方格内和丘间草灌的模式进行治理，工程、生物措施结合，封、飞、造结合，采用灌草结合为主的配置方式；对半固定、固定沙地，采用封育、补播及围栏技术措施，营建以灌木防风固沙林、固沙型饲料林为主体的生态林业体系；大力发展柠条灌木饲料产业、沙柳加工利用、中药材种植、沙生灌木生物质能源发电、沙漠生态旅游等沙产业。

2. 腾格里沙漠东南缘治理区采取的主要措施

推广中卫沙坡头治理模式和经验，根据不同治理类别，充分应用沙坡头“五带一体”铁路防风固沙技术成果，积极引导企业参与沙地整治综合开发模式。以中石油宁夏石化公司为骨干龙头企业，采取“以植为主，植治水治相结合”的措施，平沙整地，大力发展速生丰产林、以文冠果生物质能源林基地；营造乔灌结合的防风林带或旱生灌木为主的灌木防风固沙林带；对灌溉条件较好的区域发展以红枣为主的经济林和设施果树；对达到封育条件的区域继续实施封山（沙）育林（草）措施，恢复自然植被；开发沙漠湿地生态旅游。

3. 灌区腹部沙地治理区采取的主要措施

采取集沙地治理、产业开发、生态建设、环境保护为一体综合治理措施，对洪积扇区进行封山育林育草，在有条件的区域营造生态防护林，恢复植被；采取人工造林和封育相结合的措施对流动和半流动沙地进行控制；在平原边缘沙区逐步治沙造田，发展以枸杞、葡萄等为主的林果业、中药材种植等沙产业，有条件的区域开发沙漠旅游；对沙地周边农田继续完善防风固沙林带建设。

4. 中部干旱带沙化土地治理区采取的主要措施

以提高土地植被覆盖率为重点，大力推广天然草地封育、补播、改良及围栏技术；有灌溉条件的区域，开发与治理并重，发展以葡萄、红枣、苹果为主的经济林；中卫沙坡头区南部香山条件适宜区域可发展节水型枣瓜间作；在风蚀程度较轻的地区，进行封育保护，人工营造固沙与饲料灌木林。

宁夏防沙治沙用沙的绿色发展之路

优美的生态环境是宁夏最大优势和靓丽名片，绿色成为宁夏人的骄傲。因为这是宁夏历届党委、政府一张蓝图绘到底和全区670多万回汉各族群众一代接着一代，头顶烈日、脚踩黄沙、战天斗地、前赴后继、不懈奋斗的结果，实现了人进沙退、沙漠变绿洲的伟大壮举。从过去的大风一起黄沙满天到今天塞上江南新天府的美景，宁夏走过的是一条寻绿、植绿、爱绿、护绿的绿色发展之路。

一、背景

宁夏地处祖国西部内陆，东、西、北分别被毛乌素沙地、腾格里和乌兰布和沙漠包围，长年干旱少雨，是全国荒漠化和沙化较为严重的省区。2009年，全国第四次荒漠化监测显示，宁夏荒漠化土地面积4348万亩，占全区国土面积的55.8%，全区有16个县、40个乡镇、600多个村庄、198万亩农田、1815万亩草场直接遭受沙化危害。扬沙天气由最多时的每年40余次减少到现在的每年少于10次，让“黄羊皮”变成“绿羊皮”，是几代宁夏人的梦想。

近年来，特别是党的十八大以来，自治区党委、政府牢固树立绿色发展理念，把生态建设作为优先发展战略，提出了建设美丽宁夏的奋斗目标，出台了《关于落实绿色发展理念 加快美丽宁夏建设的意见》。紧紧依托三北防护林、退耕还林等国家重点生态林业工程，启动实施了引黄灌区平原绿洲绿网提升、六盘山重点生态功能区降水量400毫米以上区域造林绿化、生态移民迁出区生态修复、封山禁牧等自治区生态工程，持之以恒地推进防沙治沙，取得了显著成效。全国第五次荒漠化和沙化监测结果显示，“十二五”期间，宁夏实际有效治理沙化土地面积450万亩，与2009年相比，荒漠化土地面积减少164.6万亩，沙化土地面积减少56.6万亩，实现了沙化土地连续20多年持续减少的目标，森林覆盖率由1949年的1.4%提高到2015年的12.63%。建成了全国唯一的省级防沙治沙综合示范区、全国第一个国家沙漠公园、第一个荒漠湿地类型国家级自然保护区、全国唯一的防沙治沙展览馆，走出了具有宁夏特色的防沙治沙用沙路子。

二、做法

（一）草方格锁住腾格里“沙老虎”60年，创造了世界治沙奇迹。

草方格是宁夏防沙治沙的一大创举，也是世界防沙治沙的一大成功典范（图1）。1958年，包兰铁路建成通车后，由于中卫沙坡头段风沙大，经常发生铁轨被埋、火车被黄沙逼停等情况。为保证铁路安全畅通，锁住腾格里这头凶猛的沙老虎”，国家专门设立了中卫治沙林场，从事包兰铁路治沙工作。宁夏老一代治沙人，发扬“不到长城非好汉”的精神，根据腾格里沙漠的特殊环境，结合宁夏实际，经过千百次的试验，摸索出“麦草方格沙障”，即在流沙表面用麦草、稻草扎成1米×1米的草方格，使流沙不易被风吹起，达到阻沙、固沙的目的。经过不懈努力，终于在腾格里沙漠建成包兰铁路两侧固沙防火带、灌溉造林带、草障植树带、前沿阻沙带、封沙育草带组成的长60公里、宽500米的“五带一体”防风固沙体系，被联合国环境规划署确定为“全球环境保护500佳”，获得国家科技进步特等奖。沙坡头固沙模式和治沙经验，被国内外广泛推广应用，称赞这是“人类治沙史上的奇迹”“世界上首位的沙漠治理工程”。

图1 草方格治沙

通过在草方格上栽种沙蒿、花棒、杨柴、柠条等沙生植物，建立起旱生植物带，植物种类由过去的25种发展到现在的400多种，植被覆盖率由过去不足1%上升到40%以上，以前这里难见野生动物，如今已有100多种。形成了一道系统、立体的绿洲生态防护屏障，把“沙老虎”牢牢摁住。

（二）突出示范引领，治沙经验获认可

防沙治沙重在示范引领。2008年，经国务院批准宁夏成为全国唯一的省级防沙治沙综合示范区。多年来，充分发挥盐池县、灵武市、同心县和沙坡头区4个全国防沙治沙示范县的示范引领作用，将三北防护林工程、中央财政和外援项目向这些区域倾斜，优先安排沙化土地封禁保护项目和沙漠公园建设。成立了全国唯一的葡萄酒与防沙治沙职业技术学院，每年向治沙一线输送大批人才。通过不懈努力，仅盐池一个县就有200多万亩沙化土地得到有效治理、50万亩流动沙丘基本固定、120万亩退化草原植被得到恢复，全县森林覆盖率和植被覆盖度分别达到31%和65%（图2）。宁夏的治沙技术和成效得到了国际社会的重视与认可，先后有89个国家的政要、专家来到宁夏参观考察治沙工作。埃及总统安全事务顾问纳佳女士在与宁夏回族自治区主席咸辉会见时说，宁夏在沙漠治理和开发利用方面取得了举世瞩目的成绩，埃及和宁夏气候条件相似，非常期待宁夏的经验可以帮助埃及，并诚挚邀请宁夏沙漠治理、节水等方面的专家到埃及指导工作，开展合作。从2006年到2015年，宁夏农

图2　盐池封沙育林

科院先后承办过七届“阿拉伯国家防沙治沙技术培训班”及一届“阿尔及利亚防沙治沙技术培训班”，学员来自阿盟成员国中的 21 个国家，累计人数达 170 多名。2016 年 7 月，47 岁的阿尔及利亚人马尔拉夫·贝尔卡西姆来到宁夏，系统学习防沙治沙技术。马尔拉夫说：“我的国家地处广袤的撒哈拉沙漠，荒漠化防治形势极为严峻，我们觉得沙漠要利用好的话，它会带来很大的社会效益和经济效益，这一点我们所有沙漠周边的国家都有同感。正因为此，我们在沙漠治理方面付出了很大的努力，我们正在到处学习相关的技术和经验。”毋庸置疑，宁夏防沙治沙为这些国家提供了可复制、可推广的成功经验，促进了世界治沙事业的长足发展。

（三）坚持全域保护，率先在全国实行全省范围禁牧封育

防沙治沙重在源头预防。自治区党委、政府于 2003 年率先在全国以省域为单位全面实行禁牧封育。经过 14 年的禁牧封育，今天的宁夏，主色调已由“黄”转“绿”、由“绿”转“美”，漫漫黄沙变成了绿意融融，林草植被覆盖度显著增加，土地沙化趋势得到进一步遏制(图 3)。

图 3　沙区封育成效

为巩固扩大禁牧封育成果，自治区先后出台

了《宁夏回族自治区防沙治沙条例》《宁夏回族自治区禁牧封育条例》和《关于进一步加强禁牧封育工作的通知》，用法律的形式巩固和保护治沙造林成果。全区各级政府和林业部门相继制定了多项硬性规定，落实管护责任，以硬措施、硬办法落实禁牧封育这项硬任务，禁牧封育10多年来，生态环境得到进一步改善，天然草原植被覆盖度由35%提高到62%，草层高度由19厘米增加到30厘米，重度沙化草原面积由禁牧前的634.4万亩减少到246.76万亩，产草量平均提高了30%。"风吹草低现牛羊"的生动景象再现塞上宁夏，达到了"草原绿起来、产业强起来、农牧民富起来"的预期目标。

（四）点沙成金，防沙治沙带动群众脱贫致富

习近平总书记强调"绿水青山就是金山银山"，历经60年的不懈努力，宁夏防沙治沙践行了"绿水青山就是金山银山"的致富模式，走出了沙漠生态改善、群众脱贫奔小康的致富之路。宁夏沙区光热、土地、林草资源丰富，开发利用的前景广阔，潜力巨大。我们从一开始就牢固树立可持续发展理念，坚持走生态产业化、产业生态化的路子，积极培育壮大沙产业，着力促进农民增收。为此，自治区政府出台了《关于大力发展沙产业推进防沙治沙综合示范区建设的意见》，鼓励各类社会主体积极发展枸杞、葡萄、红枣等经济林产业，在贺兰山东麓打造中国葡萄酒之都，扶持发展葡萄种植基地60多万亩，在中卫市南部环香山地区扶持农户铺砂压砂地种植硒砂瓜10万亩，在中北部干旱区种植枸杞近90万亩，成为沙区群众收入的主要来源。通过深化集体林权制度改革，稳定所有权、经营权、落实处置权，坚持实施"谁造林谁所有、谁开发谁受益、允许继承转让”的政策长期不变。将拍卖、租赁、承包以及无偿划拨宜林沙荒地治理开发的使用年限放宽到30年至50年，流动半流动沙地延长到70年，并允许继承、转让和抵押，吸引更多主体参与防沙治沙。目前，全区治沙面积在1500亩以上的企业有60多家，共投入资金10多亿元，开发治理沙荒地30万亩。个体造林治沙户14.7万户，共投入资金4.1亿元，造林64.8万亩。各类沙产业产值达35亿元以上，其中沙区经果林和沙生灌木饲料加工年产值16亿元以上。同时，结合宁夏全域旅游战略，大力发展沙漠旅游，先后打造了沙湖、沙坡头、黄沙古渡、哈巴湖等一批沙漠旅游景观，每年吸引国内外游客前来参观学习，实现沙漠旅游业产值12亿元，有效带到群众脱贫致富。

（五）树立典型，大力弘扬敢于奉献的时代精神

王有德说：“搞生态治理，既富了民，又治理了环境。”退休前王有德曾任宁夏灵武白芨滩国家级自然保护区管理局（灵武市白芨滩防沙林场）党委书记、局长，第十届全国人民代表大会代表、党的十七大、十八大代表，2000年以来，先后获得“全国先进工作者”“全国优秀共产党员”“全国治沙英雄”、时代领跑者——中华人民共和成立以来最具影响力劳动模范，“双百”感动中国人物等荣誉称号，被誉为时代楷模。他始终以让“沙漠绿起来，职工富起来，林场活起来”为己任，带领宁夏白芨滩防风固沙林场干部职工，探索出了外围灌木固沙林、周边乔灌防护林、内部经果林、养殖业、牧草种植、沙漠旅游“六位一体”防沙治沙发展沙区经济模式，累计营造防风固沙林58万亩，控制流沙近百万亩，创造了世界治沙史上的奇迹。尤其是近10多年的治沙规模、速度和成效是2000年以前30年的总和。王有德同志退休后，继续发挥余热，于2013年成立了宁夏沙漠绿化与沙产业发展基金会，截至目前已募集资金1300万元，先后实施了银川市政府水土保持项目、TATA木门公益林项目，治理荒地2000多亩。

宁东镇东湾村农民顾云香，更是巾帼不让须眉，1999年响应国家政策，积极投身于植树、种草和绿化沙漠事业，历尽艰辛，和风沙抗争，在资金与物资极其贫乏的条件下，经常肩扛手抱树苗向离家10公里的沙漠挺近，在与恶劣的沙漠环境较量中，她历经重重困难，多次经受天灾人祸的打击，甚至生命的威胁，但丝毫没有动摇她防沙治沙绿化家园的决心，凭着一股韧劲，先后承包东湾村沙荒地5000亩、山梁240亩，在毛乌素沙地上撑起了一片绿洲。

平罗县73岁的王恒兴，只为圆一个心愿——用勤劳回馈社会，用绿色向大地“还账”。注册资金500万元，成立了以生态治理、防沙治沙、生态观光等为一体的农业综合开发企业。以“感谢党恩、回报社会、绿化环境、造福子孙”的思想理念，实施了治沙造林生态建设事业，文化旅游及休闲观光农业。9年来在平罗县庙庙湖实施了三个“沙化一片林工程”生态绿化建设项目，对园区20公里渠、路两旁1000亩荒坡地实施绿化工程，在园区3000亩沙地内实施了经济林带建设，共植树达268万株，融资1.9亿元，让1万亩沙化土地绿起来。

三、启示

通过长期的治沙造林，大幅提高沙区林草植被覆盖度，把一个缺林少绿、生态脆弱地区，变成绿意盎然、生物种群多样、沙尘暴等极端天气逐渐减少的生态宜居之地，主要有以下几方面启示。

第一，牢固树立绿色发展理念是实现沙化逆转的根本保证。把生态优先发展摆上重要战略地位，深刻认识保护生态环境就是保护生产力、改善生态环境就是发展生产力的理念，尊重自然、顺应自然、保护自然，在大力推进生态建设的同时，严守生态保护红线，增加绿色总量，提高绿质绿效，为健康永续发展提供绿色支撑。

第二，抓好顶层设计是防沙治沙一张蓝图绘到底的重要抓手。一代接着一代干、一张蓝图绘到底，久久为功，持之以恒，终于让沙漠旧颜变新貌。践行绿色发展理念，就是要有这种功成不必在我，前人栽树后人乘凉的胸怀和韧劲，就是要大力发扬不到长城非好汉的宁夏精神，咬定目标不放松，发挥政府的引导作用，大力营造全社会参与的浓厚氛围。

第三，让沙区群众脱贫致富是防沙治沙的核心任务。小康不小康，关键看老乡。成果如何，最终要体现到老百姓是否得到实实在在的真金白银上。要充分调研，抓住人民群众的真实需求，因地制宜，精准施策，整体谋划，合理布局，大力发展绿色产业，真正为老百姓构建永续发展、健康发展的绿色“银行”。

第四，依靠科技创新是实现沙化逆转的有效载体。大力推进科技创新，充分发挥科技是第一生产力的作用，依靠科技破解制约林业发展的技术瓶颈、政策瓶颈、制度瓶颈，积极推进林业实用技术研究开发，促进科技成果转化和推广应用，不断丰富优质生态产品和林产品供应数量、增加供给质量、降低经营成本、补齐发展短板。

宁夏第五次荒漠化监测结果变化分析

2014年年初，国家启动了第五次全国荒漠化和沙化监测工作，宁夏按照国家林业局的要求，采取遥感与地面调查相结合的方法，将全面监测与专题调查有机结合，把查清现状与研究变化原因有机结合，历时一年多时间完成了此项工作，形成了比较系统完整的监测成果。

一、荒漠化土地现状

宁夏第五次荒漠化监测范围总面积为392.99万公顷，占国土总面积519.55万公顷的75.64%；在本次荒漠化监测范围内，荒漠化土地总面积278.90万公顷，占总监测面积的70.97%，占宁夏国土总面积的53.68%； 非荒漠化土地总面积114.09万公顷，占总监测面积的29.03%，占宁夏国土总面积的21.96%。

全区土地荒漠化主要表现为风蚀、水蚀、盐渍化三种形式，主要分布在银川市所属兴庆区、金凤区、西夏区、永宁县、贺兰县、灵武市；石嘴山市所属大武口区、惠农区、平罗县；吴忠市所属利通区、红寺堡区、青铜峡市、盐池县、同心县；中卫市所属沙坡头区、中宁县和海原县，共涉及17个县（市、区）的209个乡（镇）。

（一）气候类型区荒漠化现状

在本次荒漠化监测范围内，荒漠化土地总面积278.90万公顷，其中：半干旱区荒漠化土地面积214.41万公顷，占荒漠化土地总面积的76.9%；亚湿润干旱区荒漠化土地面积64.49万公顷，占23.1%（见表1-1）。

表1-1　不同气候区荒漠化类型现状表

单位：万公顷

气候区类型	合计	比例	风蚀	水蚀	盐渍化
合计	278.90	100.0%	125.98	146.61	6.31
半干旱区	214.41	76.9%	117.01	91.55	5.85
亚湿润干旱区	64.49	23.1%	8.97	55.06	0.46

（二）荒漠化类型现状

风蚀荒漠化土地面积为125.98万公顷，占荒漠化土地总面积的45.17%；水蚀荒漠化土地面积为146.61万公顷，占52.57%；盐渍化土地面积为6.31万公顷，占2.26%（见图1-1）。

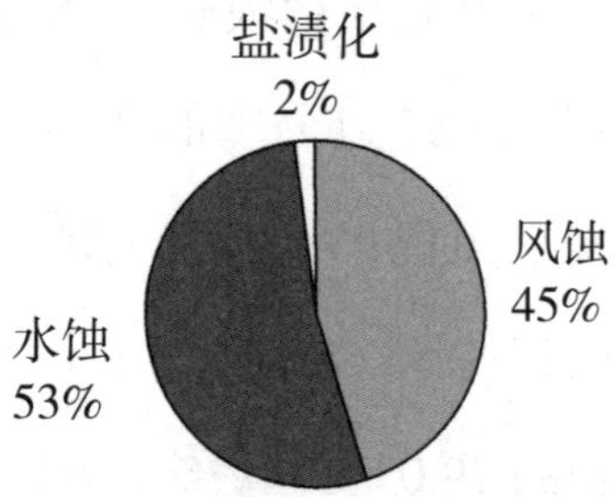

图1-1　不同类型荒漠化土地

（三）荒漠化程度现状

轻度荒漠化土地面积为 157.72 万公顷，占荒漠化土地总面积的 56.55%；

中度 94.91 万公顷，占 34.03%；

重度 20.09 万公顷，占 7.20%；

极重度6.18万公顷，占2.22%（见图 1–2）。

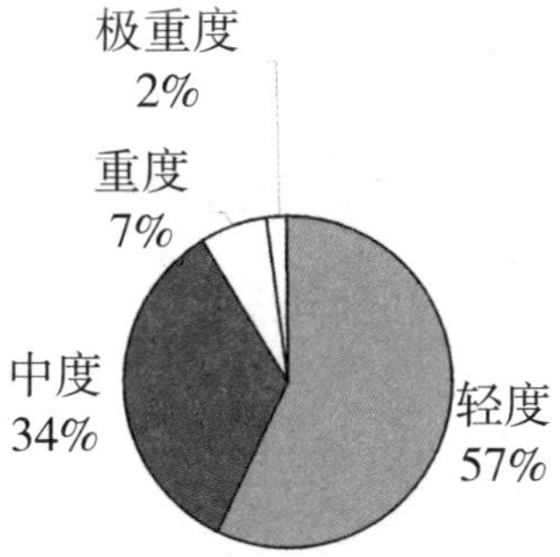

图 1–2 不同程度荒漠化土地

1. 风蚀荒漠化土地程度现状

轻度 77.50 万公顷，占风蚀荒漠化土地总面积的 61.52%；

中度 35.24 万公顷，占 27.98%；

重度 8.11 万公顷，占 6.44%；

极重度5.12万公顷，占4.06%（见图 1–3）。

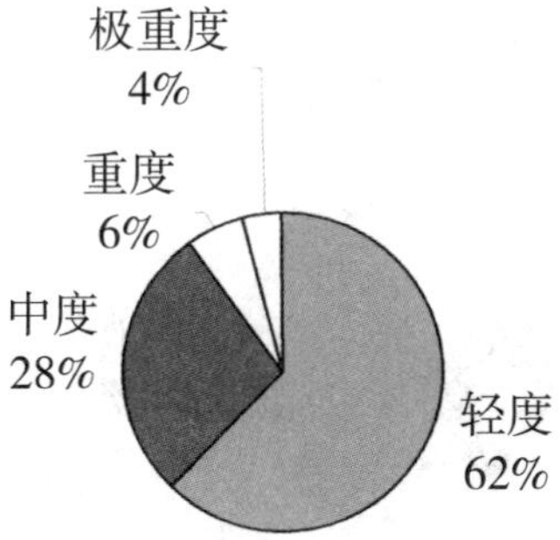

图 1–3 不同程度风蚀荒漠化土地

2. 水蚀荒漠化土地程度现状

轻度 76.14 万公顷，占水蚀荒漠化土地总面积的 51.93%；

中度 58.09 万公顷，占 39.62%；

重度 11.44 万公顷，占 7.80%；

极重度0.94万公顷，占0.64%（见图 1–4）。

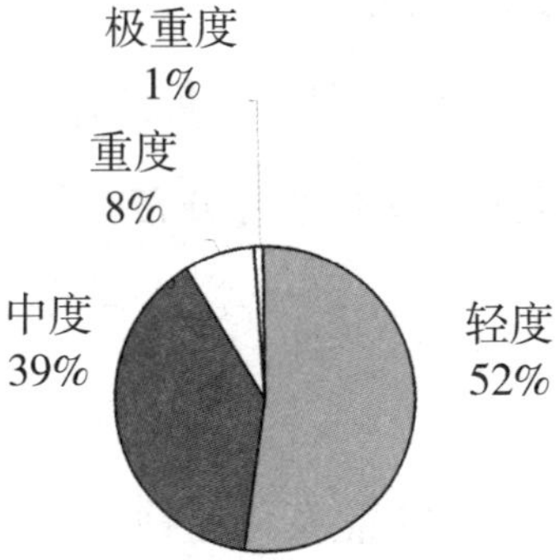

图 1–4 不同程度水蚀荒漠化土地

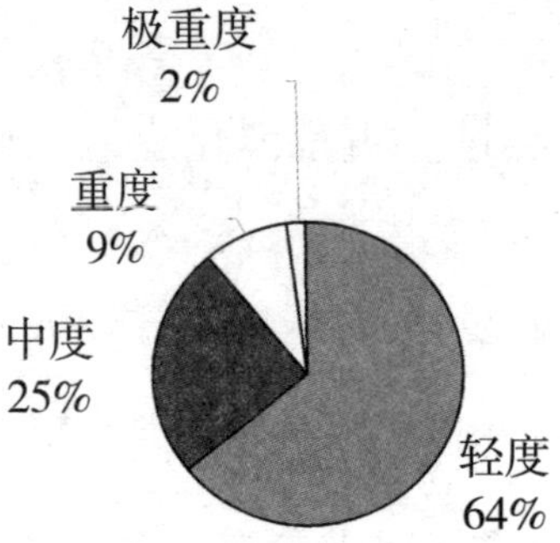

图 1–5　不同程度盐渍化土地

3. 盐渍荒漠化土地程度现状

轻度 4.08 万公顷，占盐渍化土也总面积的 64.64%；

中度 1.57 万公顷，占 24.87%；

重度 0.54 万公顷，占 8.52%；

极重度 0.12 万公顷，占 1.97%（见图 1–5）。

（四）荒漠化土地利用类型现状

草地面积 162.66 公顷，占荒漠化土地总面积 58.3%；

林地面积 57.24 万公顷，占 20.5%；

耕地面积 47.52 万公顷，占 17.0%；

未利用地面积 11.48 万公顷，占 4.2%（见图 1–6）。

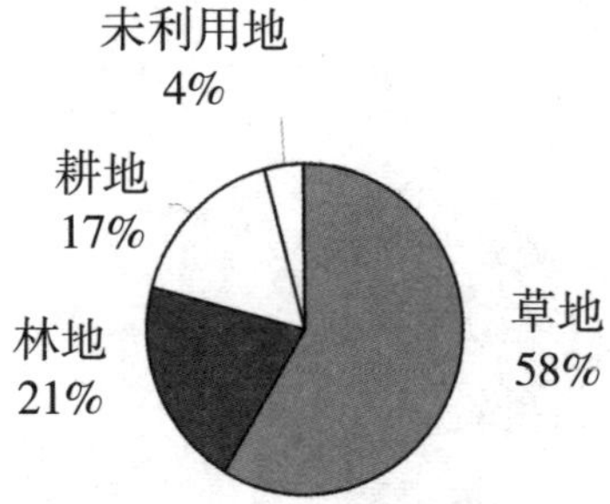

图 1–6　不同土地利用类型荒漠化土地

（五）各县区荒漠化土地现状

监测结果显示风蚀荒漠化主要分布在盐池县、灵武市、沙坡头区、红寺堡区、中宁县；水蚀荒漠化主要分布在同心县、沙坡头区、海原县、中宁县、盐池县、红寺堡区；盐渍化荒漠化主要分布在盐池县、平罗县、惠农区。

主要县区荒漠化土地面积如下：

盐池县荒漠化土地面积 55.21 万公顷，占全区荒漠化土地总面

积的 19.8%;

沙坡头区 44.90 万公顷，占 16.1%;

同心县 38.39 万公顷，占 13.8%;

灵武市 23.24 万公顷，占 8.3%;

海原县 23.48 万公顷，占 8.4%。

其他县市区 93.68 万公顷，占 33.6%（见图 1–7、表 1–2）。

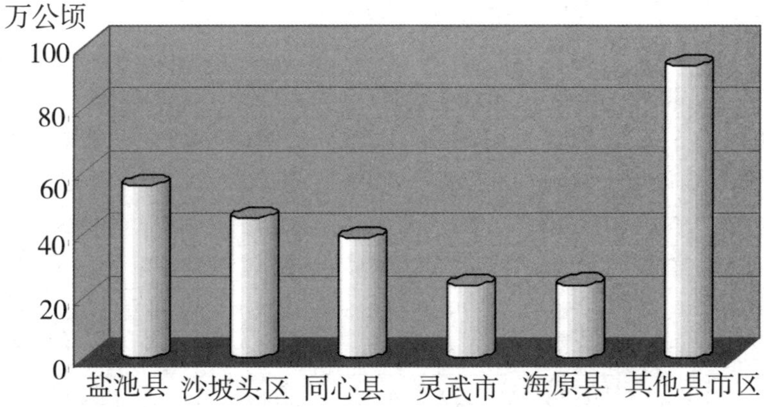

图 1–7 主要县区荒漠化土地面积

表 1–2　各县区荒漠化类型统计表

单位：万公顷

统计单位	荒漠化类型							
	面积合计	比例	风蚀		水蚀		盐渍化	
			面积	比例	面积	比例	面积	比例
宁夏	278.90	100.0%	125.98	45.2%	146.61	52.6%	6.31	2.3%
银川市	35.92	12.9%	30.28	10.9%	5.35	1.9%	0.29	0.1%
兴庆区	2.21	0.8%	2.21	0.8%	0.00	0.0%	0.00	0.0%
西夏区	3.97	1.4%	1.45	0.5%	2.52	0.9%	0.00	0.0%

续表

统计单位	荒漠化类型							
	面积合计	比例	风蚀		水蚀		盐渍化	
			面积	比例	面积	比例	面积	比例
金凤区	0.04	0.0%	0.04	0.0%	0.00	0.0%	0.00	0.0%
永宁县	2.78	1.0%	2.12	0.8%	0.66	0.2%	0.00	0.0%
贺兰县	3.69	1.3%	1.46	0.5%	2.17	0.8%	0.06	0.0%
灵武市	23.24	8.3%	23.01	8.3%	0.00	0.0%	0.23	0.1%
石嘴山市	19.90	7.1%	5.28	1.9%	12.67	4.5%	1.95	0.7%
大武口区	6.51	2.3%	0.17	0.1%	6.11	2.2%	0.24	0.1%
惠农区	5.47	2.0%	1.59	0.6%	3.43	1.2%	0.45	0.2%
平罗县	7.91	2.8%	3.52	1.3%	3.13	1.1%	1.26	0.5%
吴忠市	130.58	46.8%	66.84	24.0%	60.02	21.5%	3.71	1.3%
利通区	5.36	1.9%	3.50	1.3%	1.86	0.7%	0.00	0.0%
红寺堡区	21.84	7.8%	11.72	4.2%	10.00	3.6%	0.12	0.0%
盐池县	55.21	19.8%	39.06	14.0%	12.58	4.5%	3.57	1.3%
同心县	38.39	13.8%	4.77	1.7%	33.62	12.1%	0.00	0.0%
青铜峡市	9.77	3.5%	7.79	2.8%	1.96	0.7%	0.03	0.0%
中卫市	92.51	33.2%	23.58	8.5%	68.58	24.6%	0.35	0.1%
沙坡头区	44.90	16.1%	13.69	4.9%	30.86	11.1%	0.35	0.1%
中宁县	24.13	8.7%	9.89	3.5%	14.24	5.1%	0.00	0.0%
海原县	23.48	8.4%	0.00	0.0%	23.48	8.4%	0.00	0.0%

二、沙化土地现状

此次沙化监测范围总面积为328.63万公顷，占宁夏国土面积519.55万公顷的63.25%，在沙化监测范围内，沙化土地总面积112.46万公顷，占沙化土地分布区总监测面积的34.22%，占国土总面积的21.65%；非沙化土地面积为189.32万公顷，占沙化土地分布区总监测面积的57.61%，占国土总面积的36.44%。

宁夏沙化土地类型包括流动沙地（丘）、半固定沙地（丘）、固定沙地（丘）、沙化耕地、风蚀残丘、风蚀劣地、戈壁。主要分布在银川市所属兴庆区、金凤区、西夏区、永宁县、贺兰县、灵武市；石嘴山市所属大武口区、惠农区、平罗县；吴忠市所属利通区、红寺堡开发区、青铜峡市、盐池县、同心县；中卫市所属沙坡头区、中宁县，共涉及16个县（市、区）的189个乡（镇）。

（一）沙化土地类型现状

流动沙地（丘）7.15万公顷，占沙化土地总面积的6.36%；

半固定沙地（丘）8.80万公顷，占7.82%；

固定沙地（丘）79.44万公顷，占70.64%；

沙化耕地8.36万公顷，占7.43%；

戈壁8.71万公顷，占7.75%（见图1–8）。

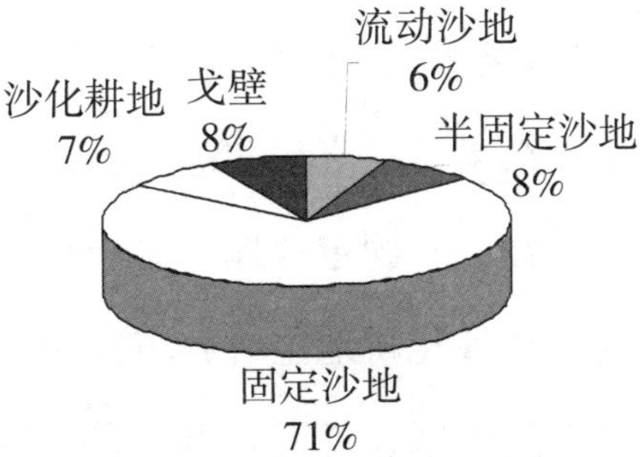

图1–8　不同类型沙化土地

（二）沙化土地程度现状

轻度沙化土地面积75.49万公顷，占沙化土地总面积的67.13%；

中度20.90万公顷，占18.59%；

重度8.14万公顷，占7.24%；

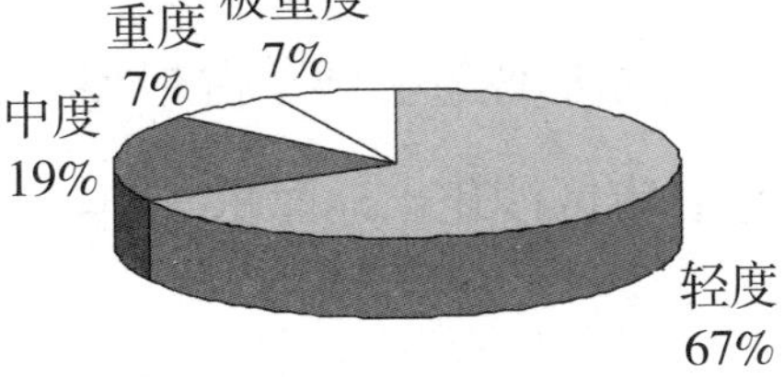

图1–9　不同程度沙化土地

极重度 7.92 万公顷，占 7.04%（见图 1–9）。

（三）沙化土地利用类型现状

草地面积 62.99 公顷，占沙化土地总面积 56.0%；

林地面积 33.71 万公顷，占 30.0%；

耕地面积 8.36 万公顷，占 7.4%；

未利用地面积 7.39 万公顷，占 6.6%（见图 1–10）。

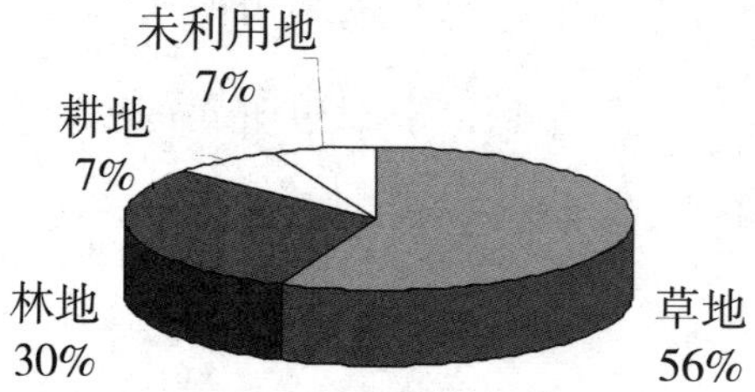

图 1–10 不同土地利用类型沙化土地

（四）各县区沙化土地现状

监测结果显示流动沙地主要分布在沙坡头区；半固定沙地主要分布在盐池县；固定沙地主要分布在盐池县、灵武市、沙坡头区、红寺堡区；沙化耕地主要分布在盐池县；戈壁主要分布在西夏区、贺兰县、惠农区、青铜峡市、同心县。

主要县区沙化土地面积如下：

盐池县沙化土地面积 42.33 万公顷，占全区沙化土地总面积的 37.6%;

灵武市 21.11 万公顷，占 18.8%;

沙坡头区 13.30 万公顷，占 11.8%。

红寺堡区 8.08 万公顷，占 7.2%;

其他县市区沙化土地面积 27.64 万公顷，占 24.6%（见图 1–11、表 1–3）。

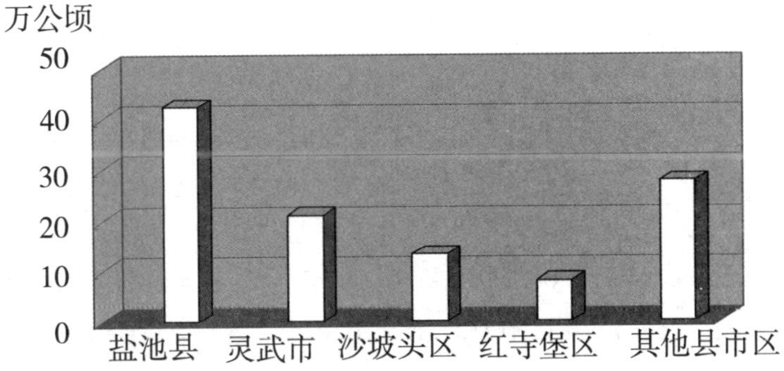

图 1-11 主要县区沙化土地面积

表 1-3 各县区沙化土地类型统计表

单位：万公顷

统计单位	沙化土地类型											
	面积合计	比例	流动沙地		半固定沙地		固定沙地		沙化耕地		戈壁	
			面积	比例	面积	比例	面积	比例	面积	比例	面积	比例
宁夏	112.46	100.0%	7.15	6.4%	8.80	7.8%	79.44	70.6%	8.36	7.4%	8.71	7.7%
银川市	27.43	24.4%	1.22	1.1%	1.83	1.6%	21.05	18.7%	0.32	0.3%	3.01	2.7%
兴庆区	2.19	2.0%	0.01	0.0%	0.35	0.3%	1.84	1.6%	0.00	0.0%	0.00	0.0%
西夏区	1.40	1.2%	0.00	0.0%	0.00	0.0%	0.00	0.0%	0.00	0.0%	1.40	1.2%
金凤区	0.05	0.0%	0.00	0.0%	0.00	0.0%	0.05	0.0%	0.00	0.0%	0.00	0.0%
永宁县	1.17	1.0%	0.00	0.0%	0.01	0.0%	0.92	0.8%	0.00	0.0%	0.25	0.2%
贺兰县	1.51	1.3%	0.01	0.0%	0.04	0.0%	0.10	0.1%	0.00	0.0%	1.36	1.2%
灵武市	21.11	18.8%	1.21	1.1%	1.44	1.3%	18.14	16.1%	0.32	0.3%	0.00	0.0%
石嘴山市	5.54	4.9%	1.01	0.9%	0.58	0.5%	2.13	1.9%	0.20	0.2%	1.63	1.5%
大武口区	0.24	0.2%	0.01	0.0%	0.00	0.0%	0.04	0.0%	0.00	0.0%	0.19	0.2%
惠农区	1.63	1.5%	0.00	0.0%	0.06	0.1%	0.36	0.3%	0.00	0.0%	1.21	1.1%
平罗县	3.67	3.3%	1.00	0.9%	0.51	0.5%	1.73	1.5%	0.20	0.2%	0.23	0.2%

续表

统计单位	沙化土地类型											
	面积合计	比例	流动沙地		半固定沙地		固定沙地		沙化耕地		戈壁	
			面积	比例	面积	比例	面积	比例	面积	比例	面积	比例
吴忠市	63.34	56.3%	1.08	1.0%	5.51	4.9%	45.92	40.8%	6.77	6.0%	4.07	3.6%
利通区	2.92	2.6%	0.11	0.1%	0.58	0.5%	2.23	2.0%	0.00	0.0%	0.00	0.0%
红寺堡区	8.08	7.2%	0.09	0.1%	0.64	0.6%	6.69	5.9%	0.66	0.6%	0.00	0.0%
盐池县	42.33	37.6%	0.76	0.7%	3.71	3.3%	32.87	29.2%	4.99	4.4%	0.00	0.0%
同心县	4.12	3.7%	0.11	0.1%	0.05	0.0%	1.60	1.4%	1.12	1.0%	1.24	1.1%
青铜峡市	5.89	5.2%	0.01	0.0%	0.52	0.5%	2.54	2.3%	0.00	0.0%	2.83	2.5%
中卫市	16.15	14.4%	3.84	3.4%	0.88	0.8%	10.34	9.2%	1.08	1.0%	0.00	0.0%
沙坡头区	13.30	11.8%	3.83	3.4%	0.82	0.7%	8.19	7.3%	0.46	0.4%	0.00	0.0%
中宁县	2.85	2.5%	0.02	0.0%	0.06	0.1%	2.15	1.9%	0.62	0.5%	0.00	0.0%

三、有明显沙化趋势的土地现状

在本次荒漠化监测范围内，宁夏有明显沙化趋势土地面积为26.85万公顷，占沙化土地总监测面积的8.17%。占宁夏总土地面积的5.17%（见图1–12）。

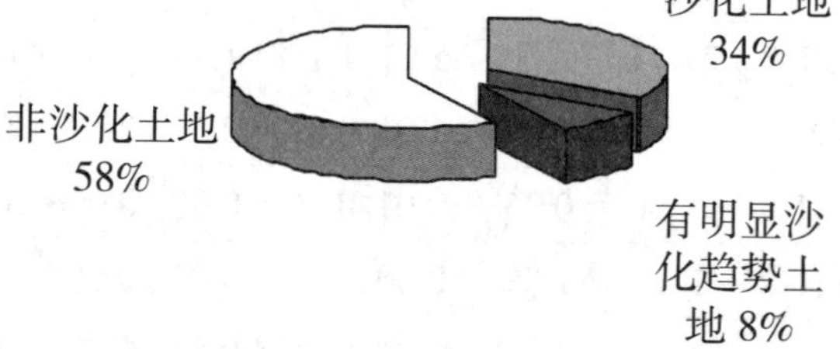

图 1–12　沙化土地分布区土地类型

有明显沙化趋势土地主要分布在银川市所属灵武市；吴忠市所属利通区、红寺堡开发区、青铜峡市；

中卫市所属沙坡头区、中宁县,共涉及6个县(市、区)的63个乡(镇)。

(一)有明显沙化趋势的土地在各土地利用类型的分布

草地22.05万公顷，占有明显沙化趋势土地总面积的82.1%;

林地2.92万公顷，占10.9%;

未利用地1.50万公顷，占5.6%;

耕地0.39万公顷，占1.4%(见图1–13)。

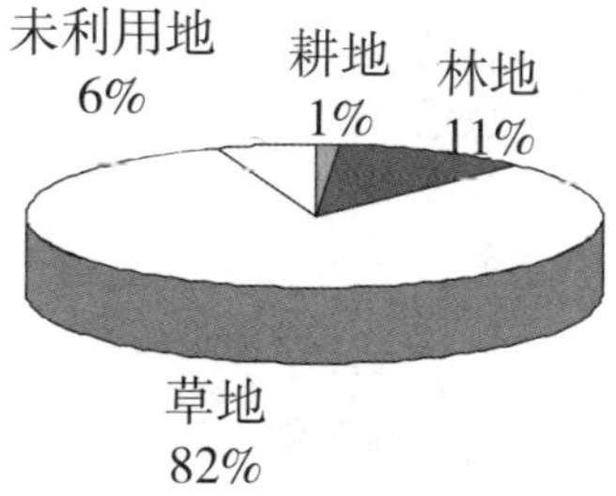

图1–13　不同土地利用类型有明显沙化趋势的土地

(二)各县区有显沙化趋势的土地现状

沙坡头区有明显沙化趋势的土地面积9.93万公顷，占全区有明显沙化趋势的土地总面积的37.0%;

中宁县6.96万公顷，占25.9%。

红寺堡区3.41万公顷，占12.7%;

其他县市区6.55万公顷，占24.4%(见图1–14、表1–4)。

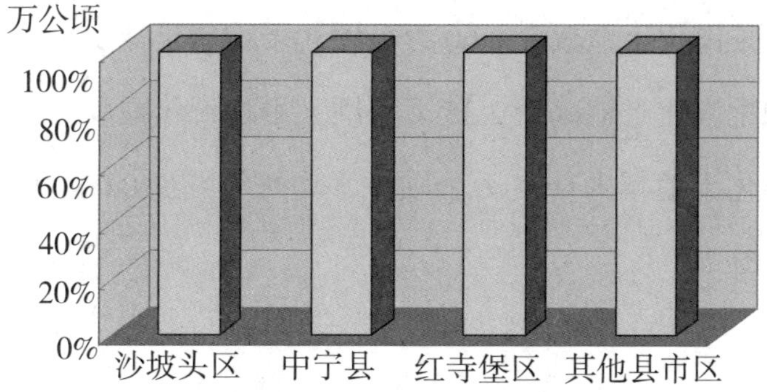

图1–14　主要县区有明显沙化趋势的土地面积

表 1–4　各县区有明显沙化趋势的土地表

单位：万公顷

统计单位	面积	比例
宁夏回族自治区	26.85	100.0%
灵武市	2.13	7.9%
石嘴山市	0.03	0.1%
大武口区	0.02	0.1%
平罗县	0.01	0.0%
利通区	2.57	9.6%
红寺堡区	3.41	12.7%
青铜峡市	1.83	6.8%
沙坡头区	9.93	37.0%
中宁县	6.96	25.9%

四、荒漠化土地动态变化

与 2009 年相比，宁夏荒漠化土地面积总体减少 10.97 万公顷，平均每年减少 2.19 万公顷。

减少主要原因：一是营造林；二是封山禁牧；三是开发建设将荒漠化土地转化为水浇地、水域、居民交通工矿用地。

（一）荒漠化类型动态变化

与 2009 年相比：

风蚀荒漠化土地减少 8.60 万公顷，平均每年减少 1.72 万公顷；

水蚀荒漠化土地减少 2.35 万公顷，平均每年减少 0.47 万公顷；

盐渍化土地减少 0.02 万公顷，平均每年减少 0.004 万公顷（见表 2–1、图 2–1）。

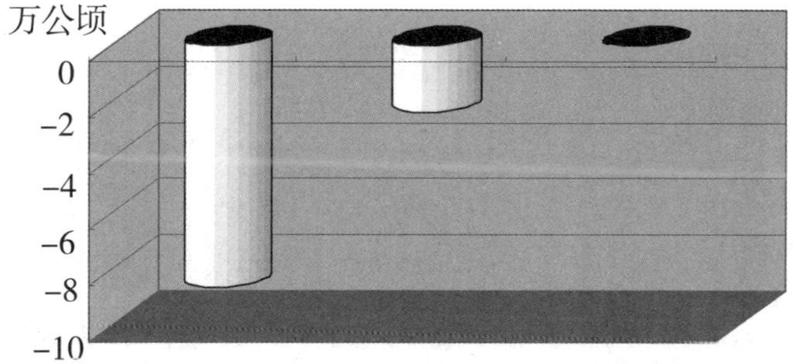

图 2-1 荒漠化类型动态变化

表 2-1 荒漠化化土地类型动态变化统计表

单位：万公顷

年度	合计	风蚀	水蚀	盐渍化
2009	289.88	134.58	148.97	6.33
2014	278.90	125.98	146.61	6.31
2014—2009	-10.97	-8.60	-2.35	-0.02
年均变化	-2.19	-1.72	-0.47	0.00

（二）荒漠化程度动态变化

与 2009 年相比：

轻度荒漠化土地增加 38.96 万公顷，平均每年增加 7.79 万公顷。

中度荒漠化土地减少 41.78 万公顷，平均每年减少 8.36 万公顷。

重度荒漠化土地减少 7.48 万公顷，平均每年减少 1.50 万公顷。

极重度荒漠化土地减少 0.67 万公顷，平均每年减少 0.13 万公顷（见表 2-2、图 2-2）。

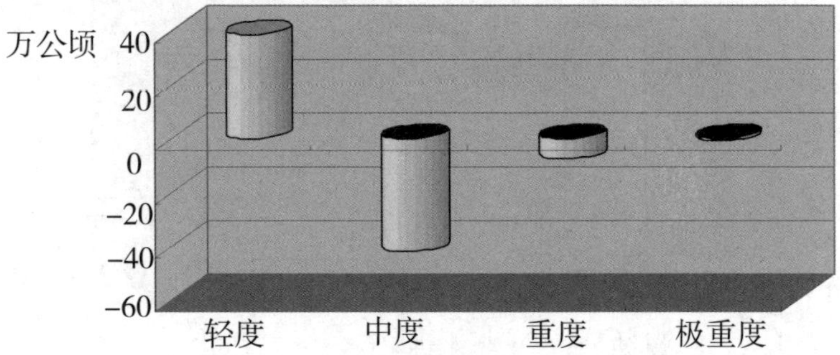

图 2-2 荒漠化类型动态变化

表 2-2 荒漠化土地程度动态变化统计表

单位：万公顷

年度	合计	轻度	中度	重度	极重度
2009	289.87	118.76	136.69	27.57	6.85
2014	278.90	157.72	94.91	20.09	6.18
2014—2009	-10.97	38.96	-41.78	-7.48	-0.67
年均变化	-2.19	7.79	-8.36	-1.50	-0.13

（三）各县区荒漠化动态变化

与 2009 年相比，主要县区荒漠化土地面积动态变化如下：

盐池县减少 2.83 万公顷，年均减少 0.57 万公顷；

同心县减少 1.46 万公顷，年均减少 0.29 万公顷；

灵武市减少 1.31 万公顷，年均减少 0.26 万公顷；

中宁县减少 0.90 万公顷，年均减少 0.18 万公顷；

沙坡头区减少 0.74 万公顷，年均减少 0.15 万公顷；

青铜峡市减少 0.70 万公顷，年均减少 0.14 万公顷；

其他市县区减少3.03万公顷，年均减少0.61万公顷(见表4-3、图4-3）。

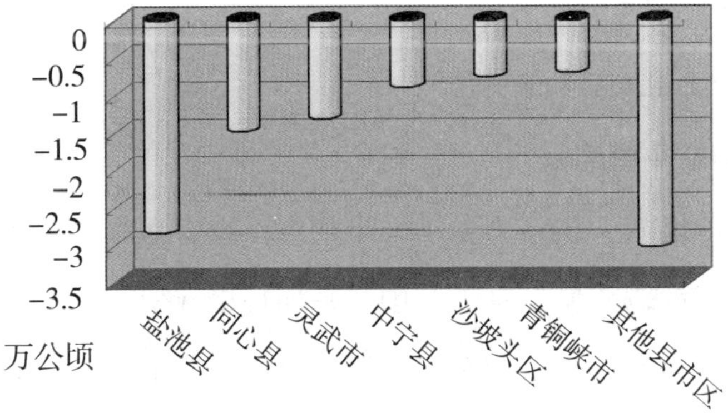

图2-3 各县区荒漠化土地动态变化

表2-3 各县区荒漠化土地动态变化统计表

单位：万公顷

统计单位	2014年	2009年	2009年—2014年	年均减少
合计	278.90	289.87	-10.98	-2.19
盐池县	55.20	58.03	-2.83	-0.57
同心县	38.39	39.85	-1.46	-0.29
灵武市	23.24	24.55	-1.31	-0.26
中宁县	24.12	25.02	-0.90	-0.18
沙坡头区	44.90	45.64	-0.74	-0.15
青铜峡市	9.77	10.47	-0.70	-0.14
其他县市区	83.28	86.31	-3.03	-0.61

五、沙化土地动态变化

与2009年相比，宁夏沙化土地面积总体减少3.77万公顷，平均每年减少 0.75 万公顷。

主要是开发建设将沙化土地转化为水浇地、水域、居民交通工矿用地。

（一）沙化类型动态变化

与 2009 年相比：

流动沙地减少 3.63 万公顷，平均每年减少 0.73 万公顷；

半固定沙地减少 2.64 万公顷，平均每年减少 0.53 万公顷；

固定沙地增加 5.42 万公顷，平均每年增加 1.08 万公顷；

沙化耕地减少 1.73 万公顷，平均每年减少 0.35 万公顷；

戈壁减少 1.09 万公顷，平均每年减少 0.22 万公顷。

其他沙化土地减少 0.09 万公顷，平均每年减少 0.02 万公顷（见表 2-4、图 2-4）。

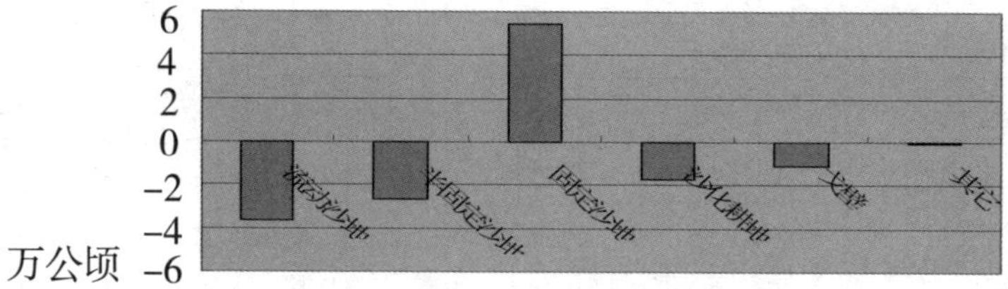

图 2-4　沙化土地类型动态变化

表 2-4　沙化土地类型动态变化统计表

单位：万公顷

年度	合计	流动沙地	半固定沙地	固定沙地	沙化耕地	戈壁	其他
2009	116.23	10.78	11.44	74.03	10.10	9.80	0.09
2014	112.46	7.15	8.80	79.44	8.36	8.71	0.00
2014—2009	−3.77	−3.63	−2.64	5.42	−1.73	−1.09	−0.09
年均变化	−0.75	−0.73	−0.53	1.08	−0.35	−0.22	−0.02

（二）沙化程度动态变化

与 2009 年相比：

轻度增加 6.06 万公顷，平均每年增加 1.21 万公顷；

中度增加 3.14 万公顷，平均每年增加 0.63 万公顷；

重度减少 9.08 万公顷，平均每年减少 1.82 万公顷；

极重度减少 3.89 万公顷，平均每年减少 0.78 万公顷（见表 2-5、图 2-5）。

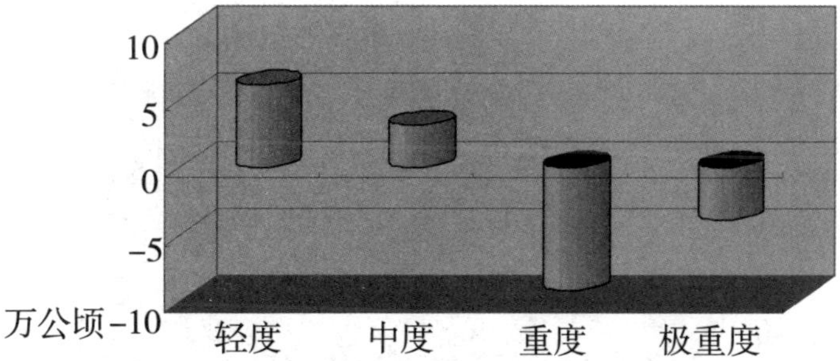

图 2-5　沙化土地程度动态变化

表 2-5　沙化土地程度动态变化统计表

单位：万公顷

年度	合计	轻度	中度	重度	极重度
2009	116.23	69.43	17.76	17.22	11.81
2014	112.46	75.49	20.90	8.14	7.92
2014—2009	–3.77	6.06	3.14	–9.08	–3.89
年均变化	–0.75	1.21	0.63	–1.82	–0.78

（三）主要县区沙化动态变化

与 2009 年相比，主要县区沙化土地面积动态变化如下：

灵武市减少 0.83 万公顷， 年均减少 0.17 公顷；

盐池县减少 0.74 万公顷， 年均减少 0.15 公顷；

沙坡头区减少 0.70 万公顷， 年均减少 0.14 公顷；

青铜峡市减少 0.42 万公顷， 年均减少 0.08 公顷；

兴庆区减少 0.38 万公顷，年均减少 0.07 公顷；

红寺堡区减少 0.23 万公顷， 年均减少 0.05 公顷；

其他县区减少 0.23 万公顷，年均减少 0.05 公顷（表 2-6、图 2-6）。

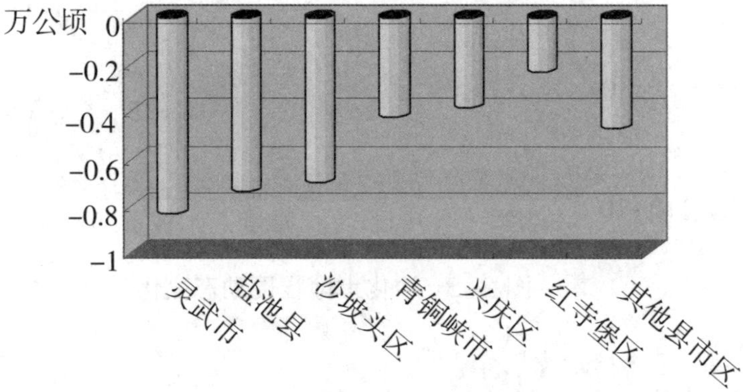

图 2-6　主要县区沙化土地面积动态变化

表 2-6　各县区沙化土地动态变化统计表

单位：万公顷

年度 / 统计单位	2014	2009	2009—2014	年均减少
合计	112.46	116.23	-3.77	-0.75
灵武市	1.44	2.27	-0.83	-0.17
盐池县	42.33	43.07	-0.74	-0.15
沙坡头区	13.30	14.00	-0.70	-0.14
青铜峡市	5.89	6.31	-0.42	-0.08
兴庆区	2.19	2.57	-0.38	-0.07
红寺堡区	8.08	8.31	-0.23	-0.05
其他县市区	39.23	39.70	-0.47	-0.09

六、有明显沙化趋势的土地动态变化

与 2009 年相比，全区有明显沙化趋势的土地面积总体减少 6.69 万公顷，平均每年减少 1.34 万公顷。

（一）有明显沙化趋势的土地利用类型动态变化

与 2009 年相比：

耕地减少 0.72 万公顷，平均每年减少 0.14 万公顷；

林地增加 0.43 万公顷，平均每年增加 0.09 万公顷；

草地减少 5.77 万公顷，平均每年减少 1.15 万公顷；

未利用地减少 0.62 万公顷，平均每年减少 0.12 万公顷。

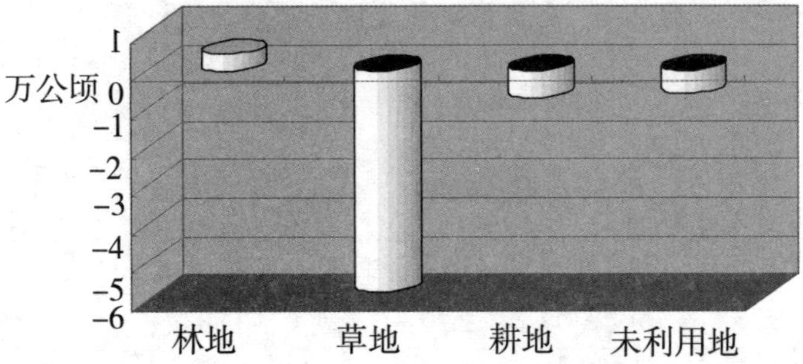

图 2-7　有明显沙化趋势的土地利用类型动态变化

表 2-7　有明显沙化趋势的土地利用类型动态变化统计表

单位：万公顷

年度	合计	耕地	林地	草地	未利用地
2009	33.54	1.11	2.49	27.83	2.12
2014	26.85	0.39	2.92	22.05	1.50
2014—2009	-6.69	-0.72	0.43	-5.77	-0.62
年均变化	-1.34	-0.14	0.09	-1.15	-0.12

（二）主要县区有明显沙化趋势的土地动态变化

与 2009 年相比：

沙坡头区减少 4.81 万公顷， 年均减少 0.96 万公顷；

红寺堡区减少 0.62 万公顷， 年均减少 0.12 万公顷；

青铜峡市减少 0.37 万公顷， 年均减少 0.07 万公顷；

平罗县减少 0.36 万公顷，年均减少 0.07 万公顷；

同心县减少 0.34 万公顷， 年均减少 0.07 万公顷；

中宁县减少 0.28 万公顷，年均减少 0.05 万公顷（表 2-8、图 2-8）。

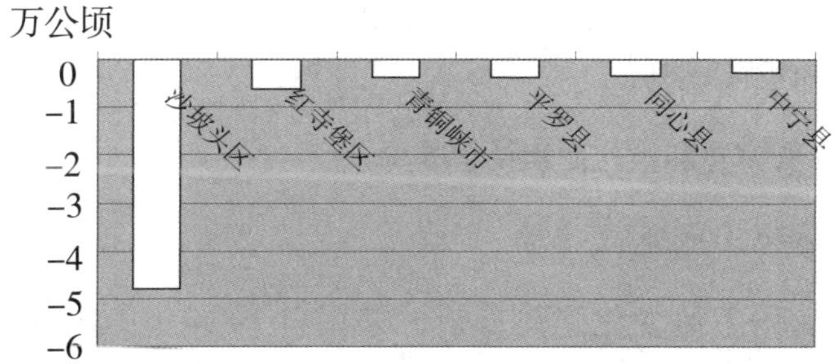

图 2-8　主要县区有明显沙化趋势的土地利用类型动态

表 2-8　主要县区有明显沙化趋势的土地利用类型动态变化统计表

单位：万公顷

年度 统计单位	2009	2014	2009—2014	年均减少
沙坡头区	14.74	9.93	–4.81	–0.96
红寺堡区	4.02	3.40	–0.62	–0.12
青铜峡市	2.20	1.83	–0.37	–0.07
平罗县	0.37	0.01	–0.36	–0.07
同心县	0.34	0.00	–0.34	–0.07
中宁县	7.24	6.96	–0.28	–0.05

七、荒漠化和沙化总体趋势

据 1994 至今宁夏荒漠化和沙化监测数据分析，宁夏沙化和荒漠化状况总体有了明显改善。一是荒漠化和沙化土地逐步减少，呈现好转态势；二是荒漠化和沙化程度总体在减轻，中、重和极重度荒漠化和沙化面积都在减少，轻度荒漠化增加；三是植被状况在改善，中盖度植被面积增加，高盖度和低盖度植被面积略有减少。这些事实说明，通过20年的努力，宁夏荒漠化和沙化呈现出整体好转，局部地区加重的态势。

（一）荒漠化和沙化面积持续减少

1. 荒漠化土地变化趋势

对荒漠化土地变化趋势分析，采用自1994年由国家林业局统一技术标准后，按照每5年一个监测周期的数据进行对比分析。宁夏各时期荒漠化化土地数据如下：

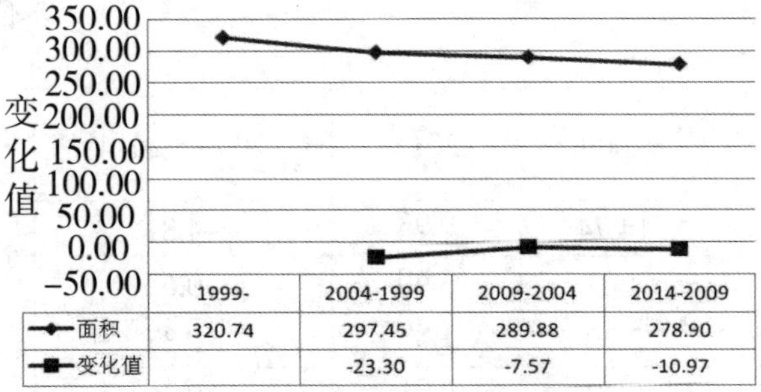

图 2-9　荒漠化土地面积变化趋势

表 3-1　各时期荒漠化化土地面积统计表

单位：万公顷

年度	1999	2004	2009	2014
面积	320.74	297.45	289.88	278.90
变化值		–23.30	–7.57	–10.97

由表3-1和荒漠化化土地面积变化趋势图可知，宁夏荒漠化土地总体面积自1999年以来，一直呈现逐年递减的趋势，尤其是1999年至2004年期间，荒漠化土地面积减少幅度较大。

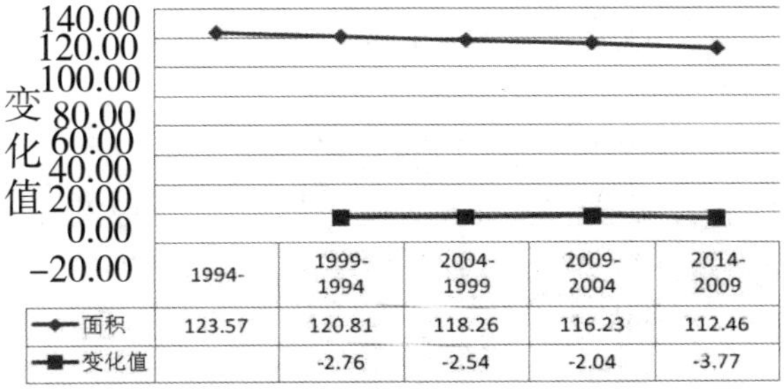

图 2-10　沙化土地面积变化趋势

2. 沙化土地变化趋势

根据自 1994 年由国家林业局统一技术标准后，宁夏各时期沙化土地数据如下：

表 3-2　各时期沙化土地面积统计表

单位：万公顷

年度	1994	1999—1994	2004—1999	2009—2004	2014—2009
面积	123.57	120.81	118.26	116.23	112.46
变化值		–2.76	–2.54	–2.04	–3.77

由表 3-2 可知，宁夏沙化土地总体面积自 1994 年以来，呈现逐年递减的趋势，且递减态势相对平稳，宁夏沙化土地变化趋势是一个平稳逆转的状态。

（二）荒漠化和沙化程度减轻

1. 荒漠化土地程度变化趋势

宁夏荒漠化自 1999 年监测数据如下：

表 3–3　各时期荒漠化土地按程度统计表

单位：万公顷

年度	1999	2004	2009	2014
轻	71.00	124.04	118.76	157.72
中	142.70	138.51	136.69	94.91
重	100.98	27.93	27.57	20.09
极重度	6.06	6.97	6.85	6.18
合计	320.74	297.45	289.88	278.90

根据 1999 年、2004 年、2009 年和 2014 年荒漠化程度数据分析对比可知，宁夏自 1999 年至今，荒漠化土地程度呈现出总体好转局部恶化的趋势。其中，轻度荒漠化土地面积是增长的趋势，15 年间增加了 86.72 万公顷；中度荒漠化面积减少了 47.79 万公顷；重度荒漠化面积减少 80.89 万公顷；极重度荒漠化面积略有上升，增加了 0.12 万公顷。

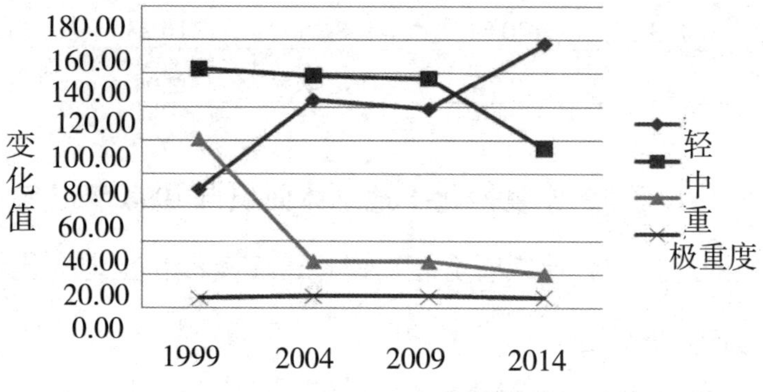

图 2–11　荒漠化程度变化趋势

2. 沙化土地程度变化趋势

根据 1994 年、1999 年、2004 年、2009 年和 2014 年沙化程度数据分析对比可知，宁夏沙化程度总体是由极重度→重度→中度→

轻度流转。具体数据如下表：

表 3-4　各时期沙化土地按程度统计表

单位：万公顷

年度	合计	轻度	中度	重度	极重度
1994	125.60	62.20	20.60	19.20	23.60
1999	120.80	64.30	21.30	15.30	19.90
2004	118.26	68.59	16.51	18.75	14.29
2009	116.23	69.43	17.76	17.22	11.81
2014	112.46	75.49	20.90	8.14	7.92
1994—2014	–13.14	13.29	0.30	–11.06	–15.68

其中，轻度沙化土地面积是增长的趋势，20 年间增加了 13.29 万公顷；中度沙化土地面积变化是波动的，但 20 年间总体增加了 0.30 万公顷；重度沙化土地面积是减少的趋势，10 年期间减少了 11.06 万公顷；极重度沙化土地面积也是减少的趋势，10 年期间减少了 15.68 万公顷。

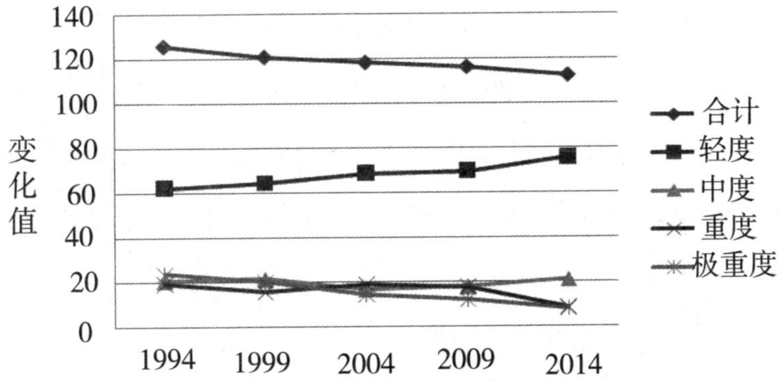

图 2-12　沙化程度变化趋势

（三）降水量在波动中趋于稳定

通过收集宁夏近15年湿润指数在0.4至0.6范围的年均降雨量可以看出，2000年至2005年我区的降雨量逐年减少；2005年至2007年有所增加，达到200毫米至300毫米左右；2008年至2012年降水量略有增加，基本保持在年均200毫米左右，最高达到300毫米；2013年开始减少，2014年有所增加。近5年逐年降雨量的趋势略有上升，但降雨总量仍然是在减少。

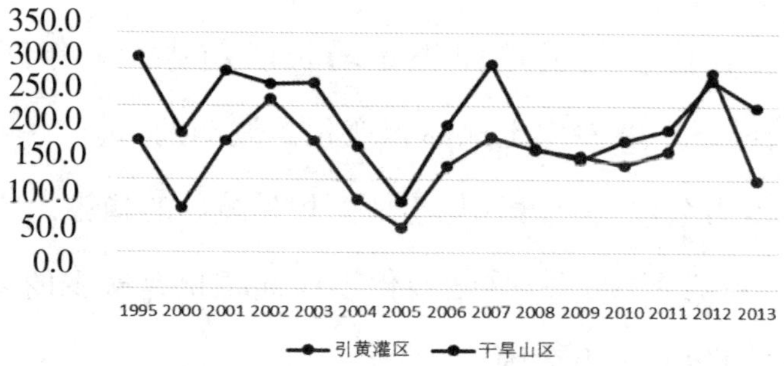

图2-13 1995年—2013年降雨量曲线图

（四）典型地区荒漠化和沙化状况分析

1. 毛乌素沙地沙化状况分析

毛乌素沙地在宁夏境内主要分布在盐池、灵武两县，面积82.39万公顷，占毛乌素沙地面积的12.32%，占宁夏土地面积的15.86%。

（1）沙化土地面积动态变化

根据2014年宁夏回族自治区第五次荒漠化调查数据，宁夏境内毛乌素沙地总面积82.39万公顷，其中沙化土地面积69.20万公顷，占毛乌素沙地范围的 83.99%。

和 2004 年宁夏荒漠化与沙化监测的数据比较，宁夏毛乌素沙地沙化土地面积总体减少 3.21 万公顷，主要沙化类型动态变化如下：

表 3–5　毛乌素沙地各时期沙化土地总面积统计表　　单位：万公顷

年度	2004	2009	2014
面积	72.41	72.18	69.20
变化值		–0.23	–2.98

根据表 3–5，我们可以得出宁夏毛乌素沙地面积是平稳减少的，沙化趋势趋于好转。

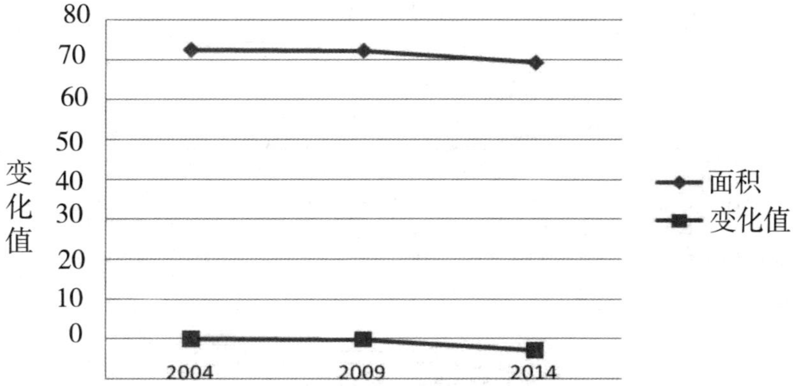

图 2–14　沙化土地面积变化趋势

（2）沙化程度动态变化

根据三期数据比较，宁夏毛乌素沙地沙化程度在波动中总体加重，主要沙化程度动态变化如下：

表 3-6　毛乌素沙地各时期沙化程度统计表

单位：万公顷

年度	轻度	中度	重度	极重度
2004	55.25	6.03	4.34	6.79
2009	50.04	9.86	6.31	5.98
2014	50.51	10.18	5.11	3.41
2014—2004	–4.75	4.14	0.77	–3.38

2004 年至 2014 年 10 年间，毛乌素沙地沙化土地面积逐步减少但是沙化程度却在加重，其中，轻度沙化减少 4.75 万公顷，中度沙化增加 4.14 万公顷，重度沙化增加 0.77 万公顷，极重度沙化减少 3.38 万公顷。

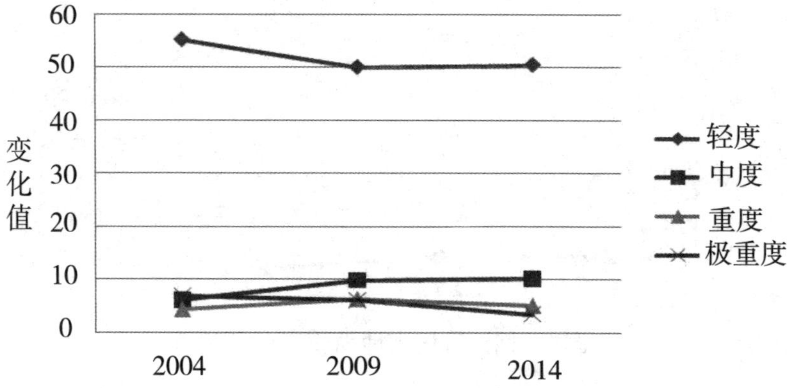

图 2-15　沙化程度变化趋势

（3）不同类型沙化土地动态变化

和前两期荒漠化与沙化监测的数据比较，宁夏毛乌素沙地沙化土地面积总体减少 3.21 万公顷，各类型沙化土地面积如下：

表 3-7　毛乌素沙地各时期不同类型沙化土地面积统计表

单位：万公顷

年度	沙化土地面积	流动沙地	半固定沙地	固定沙地	沙化耕地
2004	72.41	6.64	4.48	48.25	13.04
2009	72.18	5.96	8.42	52.46	5.34
2014	69.20	2.92	6.38	55.05	4.85
2014—2004	-3.21	-3.72	1.90	6.80	-8.19

2004 年至 2014 年 10 年间，沙化土地总面积下降 3.21 万公顷。其中，流动沙地减少 3.72 万公顷，半固定沙地增加 1.90 万公顷，固定沙地增加 6.80 万公顷，沙化耕地减少 8.19 万公顷。不同类型沙化土地呈现出流动沙地→半固定沙地→固定沙地的趋势。

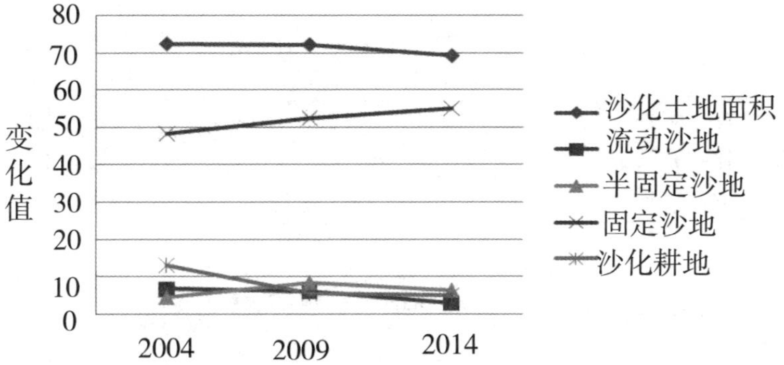

图 2-16　不同类型沙化土地变化趋势

2. 腾格里沙漠沙化状况分析

（1）沙化土地面积动态变化

根据 2014 年宁夏回族自治区第五次荒漠化调查数据，宁夏境内腾格里沙漠总面积 10.31 万公顷，其中沙化土地面积 8.98 万公顷，占腾格里沙漠范围的 80.01%。

占 2004 年宁夏第四次荒漠化与沙化监测的数据比较，腾格里沙漠沙化土地面积总体减少 1.13 万公顷，主要沙化类型动态变化如下：

表 3–8 腾格里沙漠各时期沙化土地面积统计表

单位：万公顷

年度	2004	2009	2014
面积	10.11	9.08	8.98
变化值	–	–1.03	–0.10

根据上表，我们可以得出腾格里沙漠地面积逐年减少，沙化趋势趋于好转。

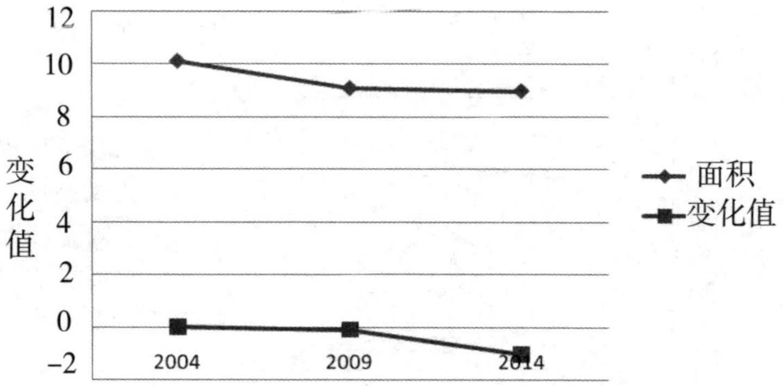

图 2–17 沙化土地面积变化趋势

（2）沙化程度动态变化

根据三期数据比较，腾格里沙漠沙化程度在波动中总体减轻，主要沙化程度动态变化如下：

表 3-9　腾格里沙漠各时期沙化程度统计表

单位：万公顷

年度	轻度	中度	重度	极重度
2004	3.73	1.71	0.79	3.87
2009	4.20	1.04	0.21	3.63
2014	3.99	1.37	0.52	3.10
2004—2014	0.26	–0.35	–0.27	–0.77

2004年至2014年10年间，腾格里沙漠沙化土地面积逐步减少，其中，轻度沙化增加0.26万公顷，中度沙化减少0.35万公顷，重度沙化减少0.27万公顷，极重度沙化减少0.77万公顷。

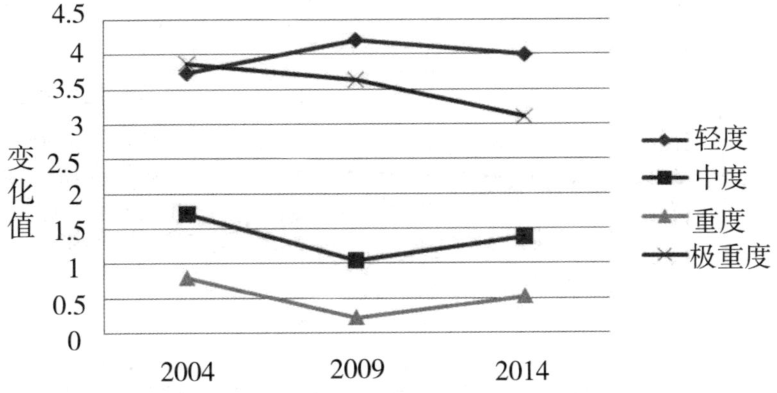

图 2-18　沙化程度变化趋势

（3）不同类型沙化土地动态变化

和前两期荒漠化与沙化监测的数据比较，腾格里沙漠沙化土地面积总体减少1.13万公顷，各类型沙化土地面积如下：

表 3-10　腾格里沙漠各时期不同类型沙化土地统计表

单位：万公顷

年度	沙化土地面积	流动沙地	半固定沙地	固定沙地	沙化耕地
2004	10.11	4.73	0.76	4.62	0
2009	9.08	3.72	0.38	4.98	0.00
2014	8.98	3.10	0.75	5.10	0.03
2001—2014	–1.13	–1.63	–0.01	0.48	0.03

2004 年至 2014 年间，沙化土地总面积下降 1.13 万公顷。其中，流动沙地减少 1.63 万公顷，半固定沙地减少 0.01 万公顷，固定沙地增加 0.48 万公顷，沙化耕地增加 0.03 万公顷。

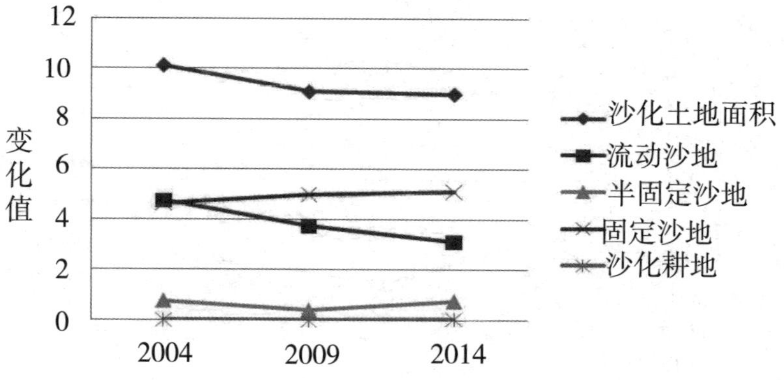

图 2-19　不同类型沙化土地变化趋势

3. 中部风蚀及中南部水蚀流失区荒漠化状况分析

（1）荒漠化面积与程度动态变化分析

宁夏中部风蚀及中南部水蚀流失区荒漠化，根据三期监测数据荒漠化土地面积减少 12.94 万公顷。其中，轻度增加 32.15 万公顷，中度减少 39.07 万公顷，重度减少 6.45 万公顷，极重度增加 0.41

万公顷。（见表 3–11）。

表 3–11　中部风蚀及中南部水蚀流失区各时期荒漠化程度统计表

单位：万公顷

年度	计	轻	中	重	极重
2004	235.78	98.58	114.05	17.88	5.27
2009	228.97	94.19	111.76	17.41	5.61
2014	222.84	130.75	74.98	11.43	5.68
2004—2014	–12.94	32.15	–39.07	–6.45	0.41

从表中可以看出中部风蚀及中南部水蚀流失区荒漠化总面积是逐年递减的态势，轻度荒漠化平稳上升，中度及重度荒漠化也呈现出逐年降低的走势，极重度荒漠化较前期有小幅的增长。说明该区域在总体好转的大趋势下，也出现了部分区域荒漠化加重的现象。

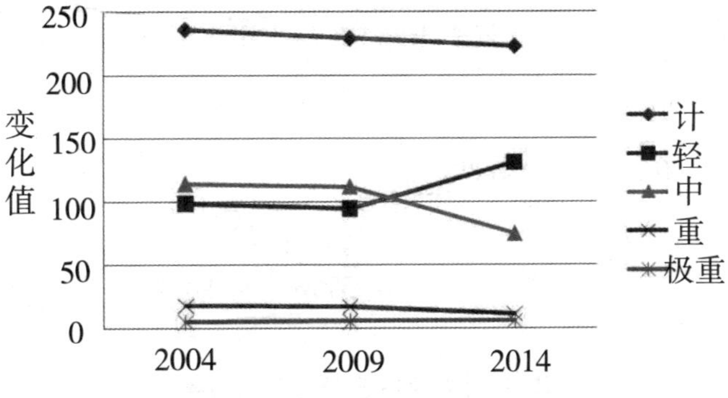

图 2–20　荒漠化程度变化趋势

（2）不同荒漠化类型动态变化趋势

根据三期数据比较，中部风蚀及中南部水蚀流失区荒漠化程度总体减轻，各类型的荒漠化土地面积也都呈下降趋势（见表 3–12）：

表 3-12 中部风蚀及中南部水蚀流失区各时期荒漠化类型统计表

单位：万公顷

年度	风蚀	水蚀	盐渍化	合计
2004	121.86	109.36	4.56	235.78
2009	120.62	104.43	3.92	228.97
2014	113.43	105.12	4.30	222.84
2004—2014	-8.43	-4.24	-0.26	-12.94

从表中可以得出，中部风蚀及中南部水蚀流失区荒漠化土地面积减少 12.94 万公顷，其中，风蚀面积减少 8.43 万公顷，水蚀面积减少 4.24 万公顷，盐渍化面积减少 0.26 万公顷。

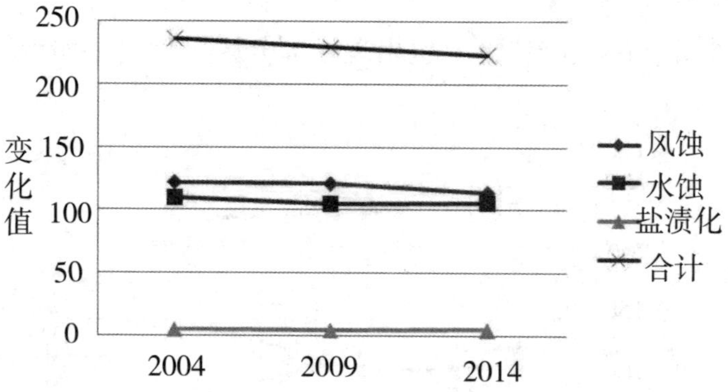

图 2-21 不同类型荒漠化变化趋势

八、荒漠化及沙化土地持续减少原因分析

（一）大力推进生态移民生态修复工程

自治区出台了《关于加强生态移民迁出区生态修复与建设的意见》，对生态移民迁出区 85 万公顷土地，通过封禁自然恢复和人

工造林种草等措施修复生态。2013 年以来，全区完成生态移民迁出区生态修复 6 万公顷，在生态移民迁出区新建国有林场 4 个。生态移民工程减少了了迁出区人为活动对生态环境的破坏，增加了林草覆盖度，有效降低了荒漠化土地面积和荒漠化程度，在迁入区建设移民新村，结合土地整理项目开垦改良水浇地，建设水利设施，直接减少了荒漠化和沙化土地。

（二）科学划定生态保护红线

以科学发展观为指导，深入贯彻落实党的十八大和十八届三中、四中全会精神，深入实施以生态建设为主的林业发展战略，落实国家主体功能区战略。坚持以人为本的生态建设和环境保护理念，尊重自然、顺应自然、保护自然，全力提升环境承载能力；坚持以构筑西部重要生态安全屏障为目标，大力开展植树造林种草，不断增强应对气候变化能力；坚持以生态建设为主体、生态文明为目标的发展战略，确立治理宜林宜草沙化土地、恢复沙区植被在宁夏林业生态体系中的主体地位，划定沙区植被红线、制定红线保护政策，构筑沙区和平原绿洲区的生态保护屏障，为建设美丽宁夏、促进民族自治区域经济社会持续发展提供保障。

（三）注重科学防治，防沙治沙用沙成效显著

深入贯彻落实《宁夏防沙治沙条例》，先后建立了盐池、灵武、同心、中卫四个全国防沙治沙综合示范区，组织实施全国沙化土地封禁保护和世行贷款防沙治沙项目。全区每年完成荒漠化治理 16 万公顷以上，沙漠化面积由“十一五”末的 122 万公顷减少到 115 万公顷。

（四）狠抓退耕还林还草，生态经济社会效益相得益彰

截至2015年年底全区累计完成第一轮退耕还林还草任务87万公顷，其中退耕地造林31万公顷，荒山荒地造林51万公顷，封山育林5万公顷；国家累计给退耕农户兑现补助资金75.2亿元（含粮食折款），共有30多万退耕农户、153万农民受益，退耕农民人均直接受益4916元。全区退耕农民人均退耕还林面积3.09亩，位列全国第一。退耕还林成果稳固，当地生态环境得到有效保护。

（五）坚持保护优先，确保森林资源安全

2003年我区率先在全国实施全境封山禁牧，封山禁牧区内植被覆盖度由15%增加到40%以上。通过封山禁牧措施的实施，荒漠化和沙化程度稳定持续降低。

九、宁夏荒漠化及沙化土地危害

尽管宁夏在荒漠化治理工作中做出了艰苦的努力，但由于自然条件限制，加之开发过程中人为因素的影响，目前宁夏从总体上尚未扭转荒漠化和沙化危害的严峻局面，仍是全国荒漠化问题最突出、生态系统最脆弱的省区之一。主要表现以下四个方面。

（一）水土流失依然严重

全区尚待治理的水蚀荒漠化面积146.6万公顷，占全区国土面积的28.2%。目前，水土流失面积、侵蚀强度、危害程度总体有所减轻，但局部呈加剧的趋势。在宁夏南部的黄土丘陵沟壑区和北部贺兰山地区，严重的土壤侵蚀造成每年约50吨/公顷的表土流失，侵蚀沟不断延伸，沟岸扩张，每年损失耕地2000多公顷。据研究测算，每年流失有机质126万吨、纯氮磷钾28万至34万吨。1958年以来，宁夏共建水库239座，其中绝大部分泥沙淤积、库容减少，总库容损失50%左右。

（二）土地沙化形势依然严峻

全区现有沙化土地面积112.5万公顷，占宁夏国土面积的21.6%。经过50年的努力，沙化土地进一步发展的态势得到遏制，但局部地区还存在乱开垦沙荒地、偷放牧、滥挖野生植物等，土地沙化和草原退化在局部地区仍有扩大。

（三）黄河灌区盐渍化问题依然存在

全区耕地中尚有盐渍化面积1.83万公顷，占灌区33.3万公顷耕地面积的5.5%，北部平原地势低洼，排水不畅，盐渍问题没有根本解决。扬黄新灌区由于排水措施跟不上，次生盐渍化面积扩大，同时引起邻近老灌区地下水位上升，有发生次生盐渍化的危险。

（四）水资源严重短缺

宁夏当地地表水资源量8.9亿立方米，综合水资源10.5亿立方米，人均190立方米，为中国平均水平的1/12；耕地亩均55立方米，为中国平均水平的1/40。目前尚有近60万人、100万只牲畜存在饮水困难。

宁夏“十二五”防沙治沙综述

“十二五”期间，宁夏防沙治沙目标任务为30万公顷，实际完成65.43万公顷，是目标任务的218%。其中：三北防护林工程9.47万公顷，退耕还林工程1.03万公顷，水土流失综合治理3.81万公顷，高效节水灌溉6.3万公顷，中央财政造林补贴项目27.0万公顷、自然保护区防沙治沙工程项目5.92万公顷。用于防沙治沙的总投资达到75.03亿元，其中中央投入防沙治沙资金58.81亿元，自治区投入资金16.23亿元。按照行业分，林业投入34.06亿元，农业投入5.91亿元，水利投入34.49亿元，环保投入0.57亿元。通过项目的实施带动和巨大的资金投入，使草原植被迅速恢复，沙化和水土流失面积逐年减少，农业生产条件明显改善，沙区特色林果、草畜、马铃薯、中药材等产业发展壮大。据全国第五次荒漠化监测结果显示，与2009年相比，宁夏荒漠化土地面积总体减少11.0万公顷，沙化土地面积总体减少3.8万公顷，实现了持续“双减”的目标。

“十二五”期间，宁夏防沙治沙工作在规范化、制度化建设方面也成绩显著。编制完成了《宁夏防沙治沙规划（2011—2020年）》，确定了今后十年宁夏防沙治沙建设重点。通过并颁布了《宁夏回族自治区防沙治沙条例》《宁夏回族自治区禁牧封育条例》，为全区防沙治沙工作提供了法律保障，为社会力量参与沙化治理和沙产业开发提供了政策依据。专门下发了《关于进一步禁牧封育工作的通知》（宁党办〔2011〕26 号）、《关于进一步加强禁牧封育工作的通知》（宁农（办）发〔2015〕8 号）等多项规定、文件，使草原退化、沙化趋势得到遏制。建立了防沙治沙目标责任报告制度，结合自治区人大常委会专题审议生态林业工作情况时，将宁夏防沙治沙工作情况一并进行汇报审议。制定下发了《林业重点工程项目及国债资金管理暂行办法》《重点生态林业工程资金稽查工作暂行规定》等资金管理办法，实行严格的资金核算报账制、专项资金送审制、项目法人责任制、违规责任追究制，落实跟踪检查、定期稽查、财政监督、审计监察等各种监管制度，严肃查处违纪问题，确保了防沙治沙资金使用效益和安全。另外，进一步增强社会各界的防沙治沙意识、生态意识和环保意识，每年利用 3.12 和 6.17 专题宣传日，开展形式多样的宣传教育活动。特别是反映宁夏 60 多年种树治沙的大型电视纪录片《生态文明之光》2013 年 12 月在银川举行了开机仪式。该纪录片共 8 集，拍摄将以全球沙漠化及生态环境危机、国家生态安全战略为背景，全方位、多角度反映宁夏 60 多年前仆后继，顽强拼搏，创造世界治沙和生态文明建设奇迹的艰巨历程。

这些成绩的取得，离不开宁夏广大干部群众的共同努力，也离不开宁夏长期防沙治沙实践中的积累与沉淀。在防沙治沙工作中，这一期间采取的一些经验做法，值得借鉴。

一、坚持政府主导，全面落实防沙治沙责任

宁夏回族自治区党委、政府坚持把防沙治沙作为建设生态文明的基础性工作来抓，成立了政府分管主席任组长的防沙治沙领导小组，各级政府把防沙治沙提上重要的工作日程，纳入各级政府实绩考核范围，每年以自治区绿化委员会办公室下达防沙治沙建设任务。坚持实行“谁造林谁所有、谁开发谁受益、允许继承转让”的政策长期不变，吸引多主体参与，鼓励、引导和支持社会各界参与防沙治沙。将拍卖、租赁、承包以及无偿划拨宜林沙荒地治理开发的使用年限放宽到30年至50年，流动半流动沙地延长到70年，并且允许继承、转让和抵押。支持发展沙产业、草原植被恢复、沙区水资源合理利用，认真落实了信贷、贴息等方面的优惠政策，极大地调动了农民群众和社会各界参与治沙的积极性，一批企业集团也以资本运作的方式参与开发，增强了防沙治沙活力。“十二五”期间，各市、县（区）地方投资和群众投工投劳累计折合资金20多亿元。全区形成了政府主导、项目带动、群众实干苦干、社会广泛参与的防沙治沙格局。

二、依托林业工程，加快防沙治沙步伐

紧紧依托三北防护林、天然林保护等国家重点生态林业工程，加大防沙治沙力度，构筑祖国西部重要的生态安全屏障。逐步完善不同区域的防沙治沙模式。继续稳步推进了全国防沙治沙综合示范区建设，充分发挥盐池县、灵武市、同心县和沙坡头区全国防沙治沙示范县的示范引领作用。坚持走生态产业化、产业生态化的路子，积极培育壮大沙产业，着力促进农民增收，努力实现沙退民富。十二五期间，自治区政府出台了《关于大力发展沙产业推进防沙治沙综合示范区建设的意见》，鼓励各社会主体积极发展枸杞、葡萄、红枣等经济林产业，开发利用柠条、沙柳等沙生灌木，积极发展沙漠旅游、光伏发电等新型沙产业。全区十二五末，各类沙产业产值达 35 亿元以上，其中：沙区经果林和沙生灌木饲料加工年产值 16 亿元以上，沙漠旅游业产值达 12 亿元以上。同时，积极引进外援治沙项目，落实外援治沙资金 3.5 亿元，治理荒漠化面积 150 多万亩，重点实施了宁夏黄河东岸防沙治沙项目、德援二期等一批外援项目，加快了宁夏荒漠化治理的步伐。

三、强化封山禁牧，加快沙区草原植被恢复

宁夏始终坚持生态立区战略，持续推进天然草原禁牧封育，全面落实草原生态奖补政策，大力实施退牧还草工程，建设优质人工饲草地，促进草畜产业协调发展，全区天然草原植被盖度由禁牧前的 35% 提高到 52%，增加 17 个百分点。重度沙化草原面积减少到 246.76 万亩，减少 61.1%；天然草原干草总产量增加到 194.1 万吨，增长 51.1%；人工草地发展到 850 万亩，增加 80%。初步实现了“草

原绿起来、产业强起来、农牧民富起来”的阶段性目标。自治区党委、政府将禁牧作为自治区生态建设“一号工程”强力推进。各市、县(区)把禁牧封育工作纳入基层政府和部门年度考核，层层签订责任书，把责任落实到了人头、地块，在草原禁牧区域的主要出入口、围栏区域、人畜活动区域设立草原保护性标志和界桩、护栏标牌等设施，做到家喻户晓。建立健全草原征占用审核审批制度，建立区级季巡季查、县级月巡月查、乡级周查周报制度，成立了草原监理机构6个、草原公安治安机构14个，在《宁夏日报》、宁夏电视台设立禁牧封育曝光台，设立区、市、县三级有奖举报电话，严厉打击在草原上乱挖滥采甘草、发菜等破坏草原植被和生态环境违法行为，每年查处案件300余起，有效保护了草原植被和禁牧成果。同时，疏堵结合，2011年至2015年完成了国家退牧还草工程退化草原补播任务364万亩、人工饲草地建设41万亩、舍饲棚圈建设1.85万户。全面落实了国家草原生态保护补助奖励政策，对沙区1994万亩草原每年发放禁牧补助。引导广大农牧民转变畜牧业生产方式，实施了牧草良种补贴和优质人工饲草地建设，发展舍饲圈养，建设人工饲草地850万亩，有效减轻天然草原放牧压力。围绕草原建设与后续产业发展，组织实施草原畜牧业节本增效行动计划，加大草畜产业新品种引进、选育和配套技术的研究、示范。加强节水抗旱、飞播等技术推广，有效提高人工草地的成活率和保存率。加快了沙化草场改良的步伐。

四、严格环境评价，强化沙区开发项目管理

根据宁夏回族自治区环境保护条例、建设项目环境保护管理办法和自然保护区管理办法，严格执行沙区开发建设项目环境影响评价制度。沙区大型项目开发建设前，一律进行环境影响评价，拟建项目取得环保部门颁发的许可证后方能进行开发建设，从根源上保障了沙区资源合理有序开发。一方面做好沙区开发建设项目防沙治沙内容的环境影响评价。涉及沙区的开发建设项目按照环境影响评价技术导则要求，环境影响评价报告须设置生态影响评价章节内容（包括沙区防沙治沙方面），明确项目建设涉及的区域沙化、水土流失等方面影响作用因子，结合沙区开发建设项目所在区域的具体环境特征和工程内容，识别和分析建设项目实施过程中的影响性质、作用方式和影响后果等，并按照避让、减缓、补偿和重建的次序提出生态影响防护与恢复措施。另一方面强化沙区开发建设项目治沙措施管理。要求沙区开发项目须同步实施生态保护和建设，生态保护措施坚持预防优先，恢复补偿为辅，恢复、补偿措施必须与项目所在地的生态功能区划的要求相适应。对可能具有重大、敏感生态影响的建设项目，区域、流域开发项目，需提出长期的生态监测计划、科技支撑方案，明确相关内容。同时开展日常监管和检查验收工作。沙区开发建设项目建设期对项目建设期的生态预防、恢复补偿措施落实情况予以监督检查；项目建设完成后，按照环评批复及环评报告提出的污染防治、生

态预防及恢复补偿措施，通过现场查勘并对照项目验收报告进行现场检查验收。因防治措施不力造成土地沙化的，责令建设单位限期进行治理，对情节严重的依法追究责任。

五、合理利用水资源，保证沙区生态用水

按照预防保护为主的原则，坚持“小面积治理促进大面积封育保护”的治理思路，全力抓好水土保持工作。严格防沙治沙区水资源管理，出台了《宁夏地下水管理暂行办法》，进一步明确了管理内容、责任主体；完成了宁夏地下水超采区评价与划定工作，进一步核实了我区地下水超采区面积，公布地下水超采及限采；编制了地下水超采区治理方案，下发沙区市、县（区）执行；2011 年以来每年开展最严格水资源管理制度和节水型社会建设考核，严格控制开采地下水；加大自备井关停力度，已累计关停自备井 407 眼，争取 2017 年全部关停公共供水管网覆盖范围内自备井，有效防止了土地的沙化。大力发展高效节水灌溉，对列入防沙治沙的 16 个县（市、区）的治沙造林种草，严禁采用沟灌等大水漫灌方式，严格采取滴管等节水灌溉。“十二五”期间，共发展高效节水灌溉 63000 公顷。大力推广了工程节水措施，在沙区大力推广节水技术，全力推动现代节水型灌区建设。累计砌护干支渠 856 公里，干渠渠道衬砌率由 28% 提高至 62%，灌溉水利用系数由“十一五”末 0.43 提高至 2015 年的 0.48，实现了粮食产量 5 年连续增长，沙区生态环境明显改善。

宁夏回族自治区“十二五”防沙治沙任务、投资完成情况表

（按工程项目）

项目		任务（公顷）	投资（万元）				备注
			小计	中央财政补助资金	中央预算内投资	地方财政投资	
1	合计	654253.37	750381.38	179951.20	408133.67	162296.51	
2	其中：京津风沙源治理工程						
3	三北防护林体系建设工程	94693.30	24852.50		20050.40	4802.10	
4	退耕还林工程	10333.30	101228.80		101156.30	72.50	
5	退牧还草工程	270000.00	59109.00	19703.00	19703.00	19703.00	
6	水土流失综合治理工程	38082.00	20156.00	5685.00	8680.00	5791.00	
7	中央财政造林补贴项目	59213.30	13824.20	13824.20			
8	自然保护区防沙治沙工程项目		5719.00	3939.00		1780.00	
9	高效节水灌溉项目	63000.00	171000.00	136800.00		34200.00	
10	大型灌区续建配套与节水改造项目		153750.00		123000.00	30750.00	
11	其他工程项目	118931.47	200741.88		135543.97	65197.91	

宁夏防沙治沙先进典型

多年来，宁夏各族干部群众充分发扬“不到长城非好汉”的宁夏精神，同沙害进行了长期不懈的顽强抗争，先后涌现出王有德、白春兰、王恒兴等先进个人和中卫市、盐池县等一批荒漠化防治先进单位。他们的出现，为宁夏的防沙治沙做出了积极贡献，也为其他治沙单位或个人树立了一个个鲜活的典范，引领了一批又一批的仁人志士投身防沙治沙事业。

一、集体

（一）防沙治沙先进集体——中卫市

奔流不息的黄河水穿峡越谷，自黑山峡流入宁夏中卫市境内，中卫这个古丝绸之路北道上的一个重要驿站，常年经受着风沙的侵袭。为了改变沙进人退的窘困局面，拓展了群众生产生活空间，改善当地工农业生产条件，促进社会经济可持续发展，中卫市始终把加快造林绿化、搞好沙区综合治理作为改善生态环境、促进国民经济发展的重点来抓。特别是近些年，借助国家实施三北防护林、天然林保护等重点工程和世行、德援、沙化土地封禁保护等项目，持之以恒地推进沙化土地综合治理步伐，着力培植新型沙产业，防沙治沙取得明显成效。特别在发展沙产业中创造了林科（研）一体化、林景（旅游）一体化、林能（发电）一体化、林纸一体化、林果一体化“五个一体化”的产业与治沙相结合的模式，取得了明显成效。

经过长期的实践和探索，创造了麦草方格治沙技术和“五带一体”（固沙防火带、灌溉造林带、草障植物带、前沿阻沙带、封沙育草带）铁路防风固沙体系。在横穿腾格里沙漠的包兰铁路及201省道两侧，实行封沙育林草、人工灌溉造林、扎草方格等措施，在北部沙漠边缘建起了60公里的防风固沙林带，保证了铁路、公路的畅通无阻。开发建设了18万亩美利林业基地、15万亩沙化土地封禁保护区，形成了一道绿色长城，不仅完善了防风固沙体系，而且控制了流沙，减少了风沙危害，沙区生态环境得到显著改善。

随着沙区生态环境的改善，中卫先后建成了香山机场、中卫工业园区、沙漠光伏产业园、腾格里湖沙漠湿地旅游区等重大项目。建设的沙区纸浆原料林基地总产值达10亿元以上。特别是北部沙区和南山台子沙区以苹果、红枣、枸杞为主的经济林产业面积已达20万亩，年产值达6.9亿元以上，已成为农民增收的绿色支柱产业。依托沙坡头独特的沙漠风景资源，打造了沙、水、林为一体，景色优美的国家5A级沙坡头旅游区和金沙岛、腾格里湖旅游区，吸引了大量游客前来参观旅游。

成绩的取得，得益于中卫市党委政府对防沙治沙工作的重视，也得益于中卫市长期探索实践总结出的经验做法。

1. 始终把加强领导、落实责任作为防沙治沙建设工作的根本

多年来，中卫市始终坚持把改善区域生态环境作为林业生态建设的总任务，坚持一任接着一任干。特别是撤县设市以来，市委、政府认真执行党和国家有关林业生态建设的方针、政策和法规，以建设全国防沙治沙示范区构筑西部重要的生态安全屏障为目标，以培植新型沙产业为重点，层层落实防沙治沙责任制，形成了各级领导带头，广大群众参战，有关部门协同配合，社会各界共同参与防沙治沙的可喜局面，保障了林业生态建设工作的顺利进行。

2. 始终把突出重点、示范带动作为加快沙漠综合治理的法宝

针对中卫市防沙治沙的实际，坚持突出重点，注重实效，加快沙漠综合治理的步伐。一是大力营造防风固沙林体系。通过扎设草障、设置沙障、营造防风固沙林带、围栏封育种草种树、修建水利工程设施等措施，在北部沙漠边缘地区建起了 55 公里的防风固沙林带。二是积极开发改造沙荒地。结合重点项目工程的实施，先后对南山台子、北干渠系、西风口、赛金塘、马长湖、碱碱湖、葡萄墩塘、长流水八大沙区进行综合开发治理，累计完成治理、改造、开发沙区总面积 100 万多亩，为沙区可持续发展奠定了基础。三是强化防沙治沙示范区建设。在吊坡梁、碱碱湖沙区建立了千亩优质葡萄示范区；北部沙区建立 22 万亩造纸原料林示范区，6 万亩光伏产业园；在南山台子和碱碱湖沙区建立了 20 万亩优质苹果、红枣示范区；通过示范区的建设，推广了防沙治沙及节水灌溉新技术，总结出了防沙治沙及产业化发展新模式，为类似区域的防沙治沙提

供科技支撑，加快了沙漠综合治理步伐。

3. 始终把用好政策、创新机制作为发展壮大沙产业的秘诀

在认真贯彻执行中央和自治区一系列防沙治沙政策要求基础上，中卫市不断完善各项制度，积极引导社会力量用好沙。一是制定优惠政策，激发社会各界治沙造林、兴办沙产业的热情。对国家、集体以及个人在沙区开发建设，给予无偿划拨土地，由土地部门发给土地使用证，林业部门发给林权证，谁造林、谁所有、谁受益。吸引了中冶美利纸业集团公司、香山酒业、中石油等多家企事业单位开发建设，在沙漠中造出了一个个人工绿洲，促进了沙产业的发展。二是落实造林补助和治沙贷款贴息政策。严格按照国家造林补助的政策，对企事业单位和开发大户在沙区营造的防护林、经济林给予资金补助和治沙贷款贴息扶持，协调银行帮助解决了用林权证抵押贷款问题，激发了他们的治沙造林的积极性，全力推动了防沙治沙工作。三是深化林权制度改革，确保经营者合法权益。在明确林地所有权，维护林农和其他林业经营者合法权益的基础上，放活林地使用权，鼓励各种社会主体通过各种形式参与林木、林地使用权的合理有序流转，调动和保护其参与林业建设的积极性，加快了林业发展步伐。

4. 始终把加强管护、保护沙区植被作为巩固治沙成果的保障

通过加大封沙育林（草）及林木管护的力度，使沙化扩展趋势得到了遏制，生态状况显著改善。一是加大宣传力度，结合封山禁牧，通过利用电视、广播、会议、标语、张贴封山禁牧公告，大力开展保护生态环境的宣传，提高了广大干部群众对保护生态

环境的紧迫性和重要性的认识。二是实行目标管理责任制。通过加强护林组织建设，实行单位“一把手”负总责，分管领导和护林员负责制，层层签订责任状，把封育管护目标任务落实到每个管护人员及护林点上，使管护工作落实到了实处。三是严厉查处各种违法行为。坚持“预防为主，积极查处”的方针，及时依法对发生在封育区内的滥放牧、滥开垦、滥采挖、乱开矿及狩猎等违法行为予以严格查处，严厉打击，有效地保护了沙区动植物资源和林草植被。四是建立健全了监测体系。在沙区各封育区建立了瞭望塔，及时观察掌握林区动态，并编制了《中卫市重大沙尘暴灾害应急预案》和《中卫市森林火灾应急预案》，有效防止了自然灾害的发生，确保了林区植被安全。

（二）防沙治沙示范县——盐池县

盐池县位于宁夏回族自治区东部、毛乌素沙漠南缘，地处陕甘宁蒙四省七县交界地带，总面积8522平方公里，辖4乡4镇1个街道办事处，总人口17.2万人。全县年降水量220毫米左右，干旱少雨、风大沙多是盐池自然气候的基本特征。20世纪80年代初，全县有75%的人口和耕地处在沙区，“一年一场风，从春刮到冬，沙子漫地跑，沙丘比房高”是当时盐池生态状况的真实写照。

《一进黎明村》《二进黎明村》《九进黎明村》，这是新华社记者庄电一先后多次对盐池沙害严重小村庄的跟踪报道，从一进到九进，承载着盐池生态建设的艰辛历程，演绎着盐池从沙蚀草原到复活草原，再到寻梦草原的生态嬗变。截止到2015年年底，盐池县林木保存面积达到385万亩，全县200多万亩沙化土地全部披上绿装，100 亩以上的明沙丘基本消除，林木覆盖度、植被覆盖度分别达到 31% 和 70%，年扬沙天气由 10 年前的 54 次降低到现在的 9 次，实现了“人进沙退”的历史性转变，先后荣获全国防沙治沙先进县、全国林业科技示范县、全国绿化先进县等荣誉。总结多年来防沙治沙工作，盐池县正是立足实际，谱写出了防沙治沙“四部曲”，才得以取得今天的成绩。

1. 因地制宜，积极谋划，奏响防沙治沙“规划曲”

多年来，历届县委、政府始终坚持生态立县战略不动摇，牢固树立抓生态就是抓发展，抓治沙就是抓生存的理念，一任接着一任干，一张蓝图绘到底，持续推进生态建设。探索出了“北治沙、中治水、南治土”的总体思路，形成草原禁牧与舍饲养殖、封沙育林与退牧还草、生物固沙与工程固沙、防沙治沙与沙产业开发、移民搬迁与迁出地生态恢复的“五个结合”治沙模式。2011 年，以“弘扬生态文明，共建沙海绿洲”为主题，规划实施了“五绿”（即绿色沙海、绿色乡镇、绿色村庄、绿色通道、绿色屏障）工程。2012 年，提出建设富裕盐池、民生盐池、和谐盐池、美丽盐池，与全区全国同步进入全面小康社会的目标，坚持生态建设与经济、社会建设并重。2015 年，出台的《宁夏回族自治区盐池县林业发展“十三五”规划》中提出：建设“一圈一带三区多点”的生态安全格局，着力构筑森林生态、林业产业、林业科技推广、森林资源保护四大体系，重点实施防沙治沙、新一轮退耕还林、产业提升等十大工程，力争实现林业现代化、生态文明和林业可持续发展目标。为今后的防沙治沙指明了前进的方向。

2. 防治结合，综合施策，奏响防沙治沙“建设曲”

盐池生态建设取得的成效，彰显了老区儿女数十年抗击沙害、顽强植绿，众志成城、持之以恒的坚强意志。“十二五”期间，全县防沙治沙投工投劳20万余人次，投入资金达3.2亿元，治理面积50余万亩，建成防沙治沙综合治理示范区12个。一是点面结合，全域治理。在生态脆弱区，先封育后治理，先灌草后改造；在重要节点和有水区域，一次规划，分期实施，取得了良好治理效果。在县城周围，建成了城东草原封育区、城西农田防护区、城南生态景观区、城北生态防护区等精品绿化工程，初步形成了环城十公里生态圈；在乡镇村庄，以移民新村、美丽村庄、道路造林绿化为重点，初步建成了骨干公路绿色长廊和一批生态村，有效改善了乡村人居环境，为建设美丽乡村奠定基础；在重点区域，采取“先固再治”的技术措施，加大境内连片明沙带治理，在沙区初步建成了集水土保持、防风固沙、农田防护为一体的生态防护林体系。二是创新机制，确保成效。坚持推行政府采购苗木和重点工程营林承包机制，动员造林专业队、绿化公司根据作业设计参与生态工程建设，承担苗木栽植和后期管护任务，根据建设成效分期付款，有效提高苗木成活率和保存率，治沙造林成效显著提升。三是示范引领，科学治理。在科技示范道路上，盐池县与北京林业大学、宁夏农林科学院等科研院校合作，探索具有盐池特色的防沙治沙模式和技术措施。以流沙地上扎麦草方格固沙为基础，利用雨季天然降水，在固定的格内点播花棒、杨柴等耐旱沙生灌木，并根据点播成活状况，适地选栽柠条、沙柳等苗木，夏、秋两季重复补植补播，结合禁牧封育、力促自然恢复，形成了跨区域、跨地界治理，全境覆盖、乔灌草相互搭配的生态治理模式，为宁夏乃至全国300毫米左右降水区域的沙化土地治理积累了经验。治沙过程中，当地涌现出了将“一棵树”变为沙海绿洲的“全国劳模”白春兰、带领全村战胜“沙霸”的刘记窑头老支书刘占有……以及《盐池治沙十八勇士》等一批与风沙抗争、在沙海筑绿的先进代表。

3. 建管并举，完善机制，谱写防沙治沙“管护曲”

为了保护生态成果、治沙成果，盐池县完善管护机制，管护工作实现了两个转变，即：变“三分造、七分管”为“一分造、九分管”，变“要我管”为“我要管”。工作中，一是坚持草原禁牧。2002年11月盐池县率先在全区实行草原禁牧，并逐步探索和完善禁牧激励和考核机制，全面推行村民自治禁牧制度，草原得到了休养生息，确保禁得住、管得好、不反弹，实现了生态保护、人的生存和滩羊养殖三者之间的良性发展。二是落实责任到人。按照“谁建设、谁管理、谁受益”的原则，全面落实划片包干、集中管护等措施，明确治沙责任单位，严格落实护林员管理办法，完善管理监督网络，严格效能目标管理，确保治理一片，巩固一片，见效一片。三是完善管护机制。将林木管护工作纳入责任制考核内容，全面实行目标责任制，形成一级抓一级，层层抓落实的良好局面。先后出台了《关于进一步加快生态建设的意见》《义务植树管理办法》《林地管护管理办法》等文件，严格贯彻封山禁牧政策，强化监督管理，确保森林资源不受损失。同时，县上在财政十分紧张的情况下，每年拿出1400万余元资金用于管护抚育，亩均达400元，为林木管护提供资金保障。

4. 依托优势，突出特色，谱写防沙治沙“产业曲”

盐池以沙漠化土地综合治理为契机，做好了生态环境“保护、治理、开发”的文章。滩羊产业是盐池的一号产业，到 2015 年盐池县可利用柠条达 260 万亩，依托现有丰富的柠条资源优势，大力发展柠条转饲加工，以林补饲，以林助畜。先后建成饲草配送中心 7 个，柠条饲草加工厂 8 个，辐射带动加工点 106 个，每年为畜牧业提供饲草 40 余万吨，有力推动了盐池滩羊产业的发展。同时，良好的生态环境带动了生态旅游业发展，盐池县已打造花马寺生态旅游区、哈巴湖景区、白春兰防沙治沙业绩园、长城旅游观光带等生态旅游景点，培育了长城自驾、乡村休闲、农家体验等特色旅游产品，生态旅游已成为县域经济发展新的增长点。目前，畜牧业和沙产业为盐池县农民创收 5.8 亿元，占农业总产值的 47% 左右，是 2002 年封山禁牧前的 3 倍。2015 年盐池农民人均可支配收入达到 7600 元，走在了全区前列。

生态建设，任重而道远。盐池县未来仍将坚定信念，进一步增强生态建设的紧迫感、责任感，大力实施精准造林，继续防好沙、治好沙、用好沙，全力构筑宁夏东部绿色屏障，打造“生态盐池”金色名片。

（三）防沙治沙先进单位——白芨滩防沙林场

宁夏灵武市白芨滩防沙林场处在宁夏引黄灌区与毛乌素沙漠抗争的最前沿，多年来，全场 317 名职工，在上级部门的大力支持下，依靠科技创新、机制创新、道路创新，踏踏实实地用心血和汗水在毛乌素沙漠西南缘防风固沙，植树造林，使沙漠从引黄灌区边缘后退了20多公里，实现了“场子活、沙漠绿、职工富”的奋斗目标，为建设祖国西部生态安全屏障做出了贡献。

1. 创新治沙模式，提高治沙效益

科技是加快治沙步伐，提高治沙成效的根本。白芨滩林场坚持把科技创新作为提高治沙质量和效益的突破口，改变过去“一季造林、成活靠天”的传统治沙模式，运用工程与生物措施相结合的方法，重点推广了以草方格固沙技术为核心，雨季穴播、营养袋造林，撒播草籽、秋冬两季植苗造林等先进适用技术，既延长了造林时间，又提高了造林质量，造林平均成活率从过去的60%至70%，提升到现在的达到80%至90%，实现了造一片，活一片，绿一片，封育一片。同时，坚持“治沙”与“致富”相结合，想方设法提高治沙的经济效益，在与沙漠的无数次较量中，探索出“五位一体”沙漠治理开发模式，即：在沙漠外围营造大面积以灌木为主防风固沙林，把流沙固定下来，形成第一道生态防线；围绕干渠、公路、果园周围建设多树种、高密度、宽林带、乔灌结合、针阔混交的大型骨干林带，把风势减缓下来，构成第二道生态防线。在两道生态防线的保护下，内部引水推沙造田，培育经果林和苗圃，果园成为职工的“摇钱树”，苗圃成为职工的“绿色银行”。在田间空地，种植畜草，发展养殖业，形成了牲畜粪便肥田、林草养殖牲畜两项循环产业。白芨滩林场现已在沙漠中发展经果林和苗圃10000多亩，种植畜草1000亩，养牛800多头，养羊1000多只，解决职工就业160多人，社会就业400多人。这种模式实现了治沙与致富同步发展，创造了改造利用沙漠、发展循环经济的成功范例，被国务院确定为推进宁夏经济建设重点推广模式。

2. 创新经营机制，增强治沙动力

20世纪80年代初，面对职工住房难、看病难、子女上学难的现状和资金严重缺乏、既要养人又要护林、还要造林的局面，白芨滩林场提出“内改经营机制，外拓生产空间，靠创新求发展”的工作思路，把创新机制作为林业发展的根本动力。大力推行以家庭、联组或个人划片承包机制治沙造林，制定实施“六个一”目标：全体职工平均一人一年扎设1万个草方格，栽植1万株树苗，治沙面积100亩，从治沙中实现收入1万元。严格考核三项指标：当年成活率要达到85%以上，第二年保存率达到75%以上，第三年植被覆盖率达到50%以上。严明奖惩机制：严格合同管理，限期绿化达标，超额全奖，完不成任务全罚。正是由于机制创新，广大职工治沙的积极性被激发出来，从育苗到造林、抚育、病虫防治等环节，进一步加强管理，责任意识明显增强，形成了由过去的“要我造林”变现在的“我要造林”的浓厚氛围，锻造出一支懂治沙、会经营、善管理的治沙队伍。职工把治沙造林当做自己的口粮田来耕种，过去全场每年完成治沙造林3000亩，现在每年完成3万亩，速度提高了10倍。全场职工凭着“宁肯掉下十斤肉，不让治沙落了后”的毅力，累计治沙造林60多万亩，植树近1亿株，实现了人进沙退。为了解决治沙资金短缺，确保治沙事业持续健康发展，白芨滩林场冲破行业办企业，围绕主业抓副业，走以林养林，以林促林之路，先后成立了三个绿化造林公司，承揽绿化工程，每年创收4000多万元，近千万元的利润全部反哺治沙造林，为先进治沙技术的推广提供了强有力的资金保障。事实证明，单一经营、越干越穷，多种经营、威力无穷。

3. 创新富民之路，改善生活条件

白芨滩林场地处沙漠深处，生存环境极为艰苦，该场始终把解决职工最直接、最关心、最现实的问题摆在首位。为了解决职工吃苦咸水、住土坯房、没电、缺医少药、孩子上不了学等困难，林场班子成员想尽办法筹措资金，创办企业，发展多种经营。先后建起了机砖厂、预制板厂、建筑工程队等10多个经营实体。积极发展经果林、苗木、设施园艺、种养殖业四大支柱产业，在沙漠边缘，引水推沙造田，发展果园5千亩，开发苗圃5千亩，建设温棚243座，固定资产由原来的40万元增加到1亿多元，林木资产由原来的500万元增加到6亿多元，成功地走出了一条“以林为主，林副并举，多种经营，全面发展”的兴场之路。“十一五”期间，职工收入连续多年保持了12%以上的增长速度，2016年人均收入突破6万元，呈现出林木资产增加，职工收入增多，经济实力增强的喜人局面。同时坚持“拴心宁人，安居乐业”的方针，大力推行各项惠民政策。每年筹措200多万元给全场职工缴纳“三险一金”，解决职工的后顾之忧，每年拿出10多万元对职工子女上学进行奖励。先后投入2000多万元用于职工住房补贴、养殖补贴、收入补贴、设施栽培补贴等。40年前林场没有一名中专生，随着林场条件的改善，近10年吸引了60多名大学生来场工作，成为防沙治沙事业可持续发展的中坚力量。

目前，白芨滩林场紧紧抓住建设“国家沙漠公园”的机遇，结合“全国防沙治沙展览馆”的对外开放，将生态文化旅游引入“白芨滩五位一体”发展模式，推动白芨滩防沙林场治沙模式从“五位一体”向“六位一体”转变，为把白芨滩打造成一个集治沙模式示范、治沙技术推广、治沙成果展示、生态文明宣传、生态道德教育、旅游观光休闲为一体的高标准治沙示范区而不懈努力！

二、人物

（一）治沙英雄——王有德

王有德自 1985 年 3 月先后担任白芨滩防沙林场经营副场长、书记、场长以来，团结、带领全体干部职工拓展 " 以林为主，林副并举，多种经营，全面发展 " 的创业之路，治沙造林 45 万亩，控制流沙面积 58 万亩，建设沙地果园 4000 多亩，兴办 5 个多种经营公司，建立 1000 余亩苗木花卉培育中心，对外承揽 100 多处绿化工程，创收 1 亿多元，弥补治沙资金不足，使林场步入经营活、沙漠绿、职工富的良性发展轨道。

1. 改革创新不畏难　与时俱进绿山川

王有德同志1954年出生在宁夏灵武市马家滩镇一个回族家庭，1972 年参加工作，1981 年加入中国共产党。1991 年毕业于中央林业管理干部学院，林业高级工程师。1985 年，年仅 30 岁的他被组织任命为灵武市白芨滩林场经营副场长。该场地处毛乌素沙漠西南部、总面积 147 万亩，建场初期因治沙成绩显著，曾得到国务院的嘉奖并获得全国科学大会的表彰。但进入80年代中期，由于受传统体制的束缚和市场经济的冲击，林场经营单一，管理粗放，人心涣散，发展陷入困境。干部治沙的劲头没了，职工纷纷要求调走。面对林场陷于困境的不利局面，王有德看在眼里，急在心头。他通过一系列的调查研究，集中干部职工的合理意见，在林场内部提出三项大胆的改革建议，一是精简林场管理层人员，压缩管理开支，节减经费；二是打破造林“大锅饭”，实行计件工资、工效工资，制定了一套造林效果与工资挂钩的核算办法；三是发挥土地、林木资源、劳动力优势，动员、引导、扶持职工利用林闲季节搞种草养畜，发展柳编、运输等第三产业。通过推行三项改革措施，稳定了职工队伍，全场职工治沙造林的积极性和责任心大大增强，以往的“要我造林”旧观念变成了现在的“我要造林”新观念。白芨滩人的治沙造林事业在改革征途上迈出了可喜的步伐。

白芨滩林场虽是一个公益事业单位，但地方财政一直实行差额补贴，年补贴经费仅有55万元，占事业经费支出的四分之一，缺口约260万元。王有德和班子成员为解决造林资金足额投入不足，现有林木正常生存难以保障的经费难题，反复研究制定了“以林为主，林副并举，多种经营，全面发展的“兴场方针”和“围绕林业办林业、跳出林业办企业”的经营思路。1990年，他利用林场的技术优势，带领职工在沙漠边缘地带尝试引水治沙造田，开发经济林3500亩，栽植各类树木16.8万株，不但形成了沙漠前沿高效能的防护体系，而且使职工有了长期可以依赖的“工资园”，仅此就解决职工就业160多人，社会就业200多人。他还大胆决策，先后投资 113.5 万元建成了 2 个建材企业（机砖厂、预制厂），5 年收回全部投资后，企业改制实行股份制经营，经济效益不断提高，累计实现产值 1959 万元，实现利税 238 万元。1994 年，他敏锐把握苗木花卉市场需求渐旺的利好商机，毅然决策投资 40 万元建立苗木花卉公司，培育苗木 560 亩，出圃 1000 多万株，累计创收 680 万元，不但解决了本场的造林用苗，还成为弥补林业生产缺口的"绿色银行"。在国家实施西部大开发政策，宁夏及周边地区道路交通等基础设施和生态环境建设进程加快发展的有利形势下，王有德及时注册成立了林场下属的添保治沙造林有限公司，亲自出面到有关项目工程建设单位联系绿化工程。经多方努力，先后承揽了大古铁路、石中高速公路等 83 家单位的绿化工程，绿化面积达 4000 多亩，以优良业绩，跻身全区绿化行业前列，累计实现产值 3000 多万元。靠这些多种经营收入平均每年为治沙造林投入资金 100 多万元，有力地推动了治沙事业的可持续发展。在王有德的带领下，白芨滩防沙林场历经 10 多年的改革创新，白芨滩林场通过内改经营机制、外拓生存空间、靠创新求发展，靠多种经营收入，治沙规模年年扩大，由原来的一个场逐步扩大到 1 个总场、6 个分场、4 个公司，治沙造林工作由被动变主动。多种经营的"雪球"越滚越大，固定资产由 1985 年的不足 40 万元增加到现在的 3325 万元，林木资产比 1985 年增加了 6 倍达到了 5800 多万元，职工平均收入突破 1.2 万元，实现了林木资源增加、集体实力增强、职工收入增多的喜人局面。广大职工高兴地说："单一经营，越干越穷，多种经营，威力无穷。"

2. 科技攻关不言难　治沙项目结硕果

20世纪90年代后期，随着治沙规模的逐步扩展，林场境内所剩沙区多为强度沙漠化级干燥型沙丘，是沙漠治理最难啃的骨头。面对极其困难的治沙条件，王有德没有气馁，没有退让。他积极争取国家、自治区林业部门的支持，大力引进项目资金，实施“项目带动”战略，依托专业林场具备的技术优势，先后与日本国合作实施了“中日（宁夏—岛根）友好林”“日本国无偿援助宁夏黄河中游流域防护林”等治沙造林项目6个。在实施项目的过程中，王有德总结白芨滩多年来的治沙经验，结合现代高新科技，改变过去单一植苗、成活靠天的被动造林模式，应用工程措施与生物措施相结合、三季造林的综合治沙模式，带领职工采取草方格沙障治沙、穴灌补水造林、雨季穴播造林、雨季人工模拟飞播造林、营养袋育苗和造林、高分子吸水剂粘根等造林技术。这些技术措施相互配合，资金集中使用，克服了干旱少雨、风蚀沙埋等不利因素影响，确保造林一次性成功。其中“中日治沙研究”项目成果获得了宁夏区科委科技进步二等奖。4年时间，王有德组织实施的引进项目治沙造林占全场治沙总面积的20%，为我国林业的对外合作与交流提供了可资借鉴的经验，仅2004年就有日本、蒙古、摩洛哥、英国等20多个国家的政府官员和治沙专家前来参观考察。2000年4月，白芨滩林场以其稀有的动植物资源和沙漠化治理的突出成果，以及对黄河、银川市的特殊保护作用被国务院确定为国家级自然保护区。

3. 职工冷暖不看轻　群众利益无小事

王有德刚到林场工作时，工人还住在望得见星星的土坯房里，点着煤油灯，从场部到各护林点没有一条不被沙埋的路，那里的职工喝着高氟水，吃粮靠人往进背，有件像样的衣服还要等到过年时才能穿。他想职工之所想，急职工之所急，多方筹集资金，为一线职工改善生产生活条件。经过近20年的埋头苦干，全场5个管理站都铺上了柏油路，吃上了自来水，架设了输电线路，看上了电视，按上了电话。职工全部加入了养老保险、医疗保险。在他的倡导和支持下，场里还制定了各种补贴政策，支持职工发展种养殖业，职工子女考上高中、中专、大学每人都有奖学金。从建场到1995年的40年间，全场没有考上一名大中专学生。1995年至2005年，在政策的扶持下，林场先后有40多名职工子女考上了大中专院校。过去一些大中专毕业生不愿来场工作，现在纷纷来场求职。场里还在城里盖起了退休楼，将一些长期工作在沙区的老职工搬进了城里，解决了他们就医看病难，儿孙上学难，吃粮吃菜难的问题。并先后建起了245套房屋（15508平方米），解决了318名职工住房困难的问题，告别了几十年治沙工人租借房屋和住土坯房的历史。在党员中，王有德号召开展“五五扶贫帮困”活动，并把为职工排忧解难作为衡量党员干部思想道德准则的一个重要方面，纳入年终考核范畴，全场干部职工扶危济困蔚然成风。工作在沙区，生活在市区，交通有摩托，通讯用手机，是以往职工们的梦想和王有德孜孜以求的追求，而今，在林场已经是很平常的事情。

4. 奋进足迹不歇步　奉献“大家”舍“小家”

王有德的心里装着白芨滩的一草一木，老老少少，唯独没有他自己。1992年9月18日，灵武市政府将大泉乡东边8700亩沙荒地划拨给白芨滩林场，要求到年底初步开发1000亩。10月2日，正值国庆节假日休息，王有德同志和他的同事们在制定出了开发方案后，就带领全场工人开上山来，仅用一个月的时间，就在荒漠中铺设道路7900米，建房40间，完成主渠道工程1050米，毛渠砌护3670米，开发土地1040亩，定植果树19532株。有一天下午，正在巡渠的他，发现土质松软的渠道被水冲开了一个大口子，他一边喊人，一边挟着麦柴跳进齐腰深、带着冰碴的水中，工人们跟着他纷纷跳入水中，用身体挡住了水流，将缺口堵住。冬水全部按时灌完后，他因伤病被迫住进了医院，工人们拉着他的手说："我们苦，场长更苦，只要王场长在，再大的苦我们也能承受。"

银川河东机场区域植被稀少，荒漠化严重，自然环境恶劣，直接影响宁夏对外开放的形象。2003年，灵武市把河东机场环境绿化工程列为重点生态建设工程之一，计划通过贷款，建设人工种草，植树造林，恢复植被等12万亩，使这一地区森林植被覆盖率达到50%至70%，从而有效扼制土地的沙漠化，明显削弱风沙危害。经过深思熟虑，市上把绿化任务交给敢打硬仗的白芨滩林场来完成。面对摆在面前的各种困难，王有德识大体、顾大局，二话没说带领全场职工苦干700多天，利用贷款1200万元，自筹配套资金600多万元，完成林道建设28公里，架设输电线路2.9公里，铺设生活用水管道5公里，生产用水管道70公里，建总扬程为120米的二级扬水泵站两座，库容量为5万立方米的蓄水池一座。先后在生态景观林区整地4000亩，栽植樟子松、侧柏、枣树、花灌木等景观林475015株，荒山造林2.6万亩，栽植柠条、紫穗槐、沙冬青等沙生灌木 180 余万株，初步形成了针阔混交、乔灌草结合、林草搭配的绿化格局。

王有德同志就是这样，用自己的劳动铸造出人生沉甸甸的辉煌。先后当选中共十七大代表、第十届全国人大代表，被授予全国绿化先进工作者、全国优秀共产党员、全国劳动模范、全国先进工作者、全国 " 双百 " 感动中国人物等荣誉称号。

5. 治了一辈子沙还没治够

到 2014 年，王有德 60 岁，他的人生也掀开了新的一页，但与风沙对着干了一辈子的“治沙英雄”，还不想“歇歇脚”，也不肯停下治沙的脚步。很快，为了促进沙产业的持续发展、增强自我造血功能，由他牵头的宁夏沙漠绿化与沙产业发展基金会很快成立并运转起来，承担起沙漠绿化、沙漠体验、科技培训、生态休闲、对外交流等方面不断拓展业务。看到白芨滩仍有 60 多万亩荒漠尚未治理，他就代表基金会与白芨滩防沙治沙林场签署了《沙漠绿化生态治理协议书》，林场则为此无偿提供了 8000 亩土地和 30 年的使用期限。此外，王有德还与一些公司、协会合作建设了防护林。退休后的王有德要干的事还多着呢，他不想闲、也根本闲不下来，他跟沙漠化的决斗，也将继续下去。

（二）全国防沙治沙标兵——白春兰

治理沙漠，需要吃苦耐劳的实干精神，更需要科学求实的态度，白春兰就是这样一个坚忍不拔又善于钻研的人。几十年的年风雨治沙，让“小学文化”的她变成了“土专家”。白春兰说：“干啥事不能光靠流汗、苦干，还得加个‘巧’字，这个‘巧’就是学科技。”

那是 1984 年初春，县科委奖励她家一捆优良品种的葡萄苗。白春兰如获至宝，小心翼翼地将其一棵棵植在沙地上，像照顾自己的孩子一样悉心照料。然而，树苗最终还是死了。她心里十分难过，但又迷惑不解。经请教专家才知道，原来这块地太“沙”，下面存不住水，上面蒸发量大，葡萄是被“渴”死的。实践给白春兰上了一堂生动的科技课。她从中意识到，要在沙漠里有大作为，光凭一股子执著劲是远远不够的，还必须要有科学技术作指导。

一天，白春兰从县上一位干部那里得知，离“一棵树”不远，有个兰州沙漠研究所设的试验点。兴奋的她第二天一大早就来到试验点求教。正在忙碌的一位科技人员见她衣着破旧，满脸黝黑，开始并没留意。见此景，白春兰耐不住了，一把拉住他的胳膊，几乎是哀求地说：“帮帮我们吧，俺种下的树活得太少了！”当这位科技人员得知她家是沙边子第一个农民治沙户时，深受感动，马上放下手中的活，一起来到治沙现场，教他们草格固沙的方法，帮助他们选择适应沙地生长的沙柳、杨柴、花棒等耐旱沙生植物苗种。这一年，他们种植的树苗成活率达到 70% 以上。从此，白春兰只要听到哪里有办培训班或有新的实用技术，无论路途多远，手头多忙，她都要想方设法去学习。

在治沙致富过程中，白春兰还大胆进行科学试验。为了了解农作物对沙漠土壤的适应性，她在新开发的土地上试种了四块试验田：一块沙土地，一块黄土地，一块沙上铺土，一块土上铺沙，种同样的作物，施同样的肥料，并同时灌水，一年下来，实验结果表明，沙上铺土庄稼长势好、产量高。实验成功了，但要挖掉 1 米深的沙子，再翻黄土铺在沙子上，费工费时。她一咬牙说：“干！”这一干就是3个月，期间用坏了2辆架子车，磨秃了10把铁锹，终于开出了30亩水浇地。

科技一旦被群众所掌握，便会产生巨大的创造力。白春兰利用自己所学的林草栽植技术，创造了“三行治沙法”，即以草挡沙，以柳固沙，栽植果树杨树防沙，既有效地遏制了流沙危害，又提高了经济效益。她还利用3条带子井，采取立体复合种植法，在沙滩上创出了“吨粮田”的奇迹。如今，只有小学文化的她，已是能够熟练掌握10多项实用技术的治沙“土专家”。岁月蹉跎，黄沙磨逝了她的青春，绿色也给了她丰厚的回报。

白春兰依靠治沙踏上了富裕之路。但她始终没有忘记仍在沙漠边受穷的乡亲们。多年的治沙，使她从单打独斗到联户开发。她说：“一家富了不算富，大家都富了才圆了我心中的梦。”这些年来，她不断说服和帮助当地群众一起投身治沙。邻村村民尤虎过去不是赌博，就是喝酒，惹得家人嫌、邻里骂。1991年初夏的一天，白春兰用四轮车拉着40头猪崽到了尤虎家，语重心长地对尤虎说：“虎子，人活着要有志气，你再这么折腾咋行？这猪你先养着，饲料尽管去我家拉，钱先赊着，等卖完猪再还我。如果赔了本，我就不要了。”尤虎感动地说：“姨，你放心，我一定把猪养好，报答你！”这一年，尤虎靠养猪净赚8000元。而当他提着礼品去还所欠的4800多元猪崽款和饲料款时，白春兰却死活不收，对他说：“这些钱你先拿着养猪，等有了底子，也来沙漠上干一番吧！” 仅仅几年时间，尤虎就在白春兰的指导下，用养猪得来的钱承包了一片沙地，开发沙产业。如今，他家已在毛乌素沙漠边缘经营起了一座占地 80 亩、资产约 20 多万元的家庭农场，成为远近闻名的“防沙治沙示范户”。

群雁高飞头雁领。在白春兰的带领下，越来越多的群众加盟到治沙致富的团队中来。2000 年 8 月，“白春兰沙产业开发有限公司”在沙边子村正式成立。公司投资 112 万元，联合全村 88 户农民，治理村中的 2 万余亩沙漠化土地。同年，白春兰建议组织全乡的年轻妇女成立了“女子治沙排”。每到春天，白春兰都带领着 20 名妇女在荒漠中植树、治沙。

随着生态环境的逐步改善，往日寸草不生的“沙边子”形成了郁郁葱葱的绿洲。为了充分利用当地资源优势，2006 年 5 月，白春兰的治沙旅游区正式向游客开放，她投资的白春兰事迹展厅、凉亭、垂钓中心，与周边的古长城、日援治沙区相映成趣，为盐池发展特色生态旅游注入了新的活力。

治沙是艰苦的，多年来白春兰治理沙漠所受的苦与辛酸，是无数温暖的双手支撑着她走下去。

2000 年 5 月 5 日，天高云淡，日朗风清。这是一个令白春兰、令盐池老区人民无比振奋、无比激动的日子。这天上午，在宁夏考察工作的胡锦涛总书记来到了沙边子，来到了“一棵树”。欢迎的人群簇拥着，胡锦涛总书记健步径直走向了白春兰，“你辛苦了，我们四年前北京见过面的，全国妇联的同志介绍过你，我也知道你的事迹。你既是勤劳致富的模范，又是治理沙漠的英雄。希望你今后更好地带领周围群众，走联合治沙的路子，使更多的沙漠变绿洲……” 白春兰紧紧握住了胡总书记的手，心潮起伏，千言万语在心头滚动……

从治沙那年起，无数温暖的双手支撑白春兰一路走来。区、市有关领导、上级有关部门、盐池县委、政府给予她极大的支持。帮助解决了 60 万元治沙贴息贷款。先后投入项目资金 50 多万元。2000 年专门为白春兰修通了一条通往县道的 砂石路。今年在上级领导的关心和有关部门的大力支持下，此路正在改建为 4 级柏油路。由于长期劳作，2008 年春节期间，和白春兰一起治沙的大儿子因病不幸去世。10 年前失去了丈夫，今天又失去了儿子。两个亲人先后离去，让白春兰和整个家庭遭受到沉重的精神打击。为了使这位治沙巾帼英雄重新鼓起发展的希望，阳春三月，自治区领导专程来到白春兰的家，带来党和组织的关怀，提出在治沙英雄白春兰夫妇战斗过的地方建设一座 “治沙英雄白春兰、冒贤业绩园”，这更加坚定了白春兰治沙的信心。

十年树木，春华秋实。近 10 多年来，白春兰先后被评为全国“三八”红旗手、全国“三八”绿色标兵、全国防沙治沙十大标兵、全国环保百佳先进个人、自治区劳动模范、自治区首届道德模范，并荣获中国“十大女杰”提名奖和全国道德模范提名奖。她是辛勤的耕耘者，大地给了她丰收的报偿，她是勇敢的攀登人，沙山给了她无限风光！她把灵魂系在了塞外的大漠中。生命和高原一样顽强。塞外的狂风、沙暴，大漠上寒霜、坚冰，没有让她畏惧、退却。一棵又一棵的小树在荒漠中扎根成材，使这片飞鸟鲜至的“一棵树”，成为一块神奇的绿洲，更成为一片充满希望的热土，一幅幅新农民生活画面清晰地展现在我们面前。在白春兰的带动下，沙边子农民用他们的手，在这艰苦的环境里创造出一座安适的家园，一片美好的绿洲。倾诉着白春兰艰苦创业、奋发图强、治理沙害、造福人民，构建和谐动人的故事……

（三）全国防沙治沙先进个人——王恒兴

在宁蒙边境的毛乌素沙漠腹地，浩渺的黄沙延绵几百里，行走其中，你会发现大片充满生机的绿林，这不是海市蜃楼。在几乎没有绿色生命的地方造就一片绿色奇迹的，便是王恒兴。

王恒兴是石嘴山市的一名企业家，主要从事洗煤等产业，年产值高达 10 多亿元。本该是颐养天年的时候，却在 2007 年的某天看新闻获知，宁夏三面分别被沙漠包围，有 600 多个村庄直接遭受沙化危害。新闻的描述让王恒兴内心五味杂陈。当晚夜深人静时，一个想法在他心中由朦胧变得清晰：自然资源有穷尽，开矿挖煤是输出资源，带来的是一时富裕；植树造林是积蓄资源，带来的是可以后续发展的长远利益，我有义务治理沙害。从此，治沙栽树成为王恒兴生命旋律中的新乐章。

2008 年，年过七旬的王恒兴拿起镐头来到了渺无人烟的毛乌素沙漠边缘，选定了平罗县陶乐镇庙庙湖，作为“反哺”地球的战场。在沙漠里植树，并非想象中那么简单。刚开始植树时，前一天晚上种的树，第二天就被风刮倒，低洼处的树木整个被沙子掩埋，支干略微细一些的树苗刚栽下去没多时，一场大风过后被风沙吞噬个精光。他没有灰心，“别人能栽活，我为什么就不能？”买来树苗再栽，再被风沙吞噬……就这样不知折腾了多少次，荒芜的沙漠中终于出现了点点绿色。这更加激发了他治沙造林的决心和信心。两年多时间里，王恒兴先后投入4000万元，推开了数公里进入沙漠的路，铺设了100万米长的引水管，种植了20万株沙柳、白杨、沙枣等乔木，70万株灌木。记者在现场看到，王恒兴种了树木的地方，已是山花烂漫，绿意盎然，沙地上草茂水丰。而没有经过治理的地方，则茫茫一片沙海。

为什么在短短的两年多时间里，一个70多岁的老人就征服了这万亩沙漠？原来，王恒兴老人对这里的一草一木就像对待自己的孩子一样。“人家都说植树是三分栽七分管，但在我这里是一分栽九分管。如果栽上了你不管，不是被旱死，就是被羊啃死。”去年，王恒兴在沙漠栽了200棵侧柏，平罗县林业局的工作人员说肯定活不了。可是，王恒兴不信这个邪，他每天都为这些树浇水，比照顾自己的孩子还要精心。工夫不负有心人，他栽下的200棵侧柏活了197棵。他说：“我管的都是有生命的东西，所以一定要尽心。”坚强的王恒兴一辈子很少流泪，可是他却因为一些树木死掉落下伤心的泪水。

多年来的植树造林经验，让王恒兴发现仅仅依靠自己的投入来治理沙漠是远远不够的，而要通过用沙漠造血的模式来治理沙漠。王恒兴计划一是开发庙庙湖沙漠绿洲旅游，大搞沙漠文化，二是发展养殖业，搞民族文化，三是通过种植沙棘、红枣、枸杞等，发展绿色农副产品加工业，搞休闲农业，实现以沙治沙的目标。“我要做沙漠旅游，发展沙漠养殖业，种植经济作物，只有这样才能保证有植树造林的后续资金，否则种上的树也就白种了。”王恒兴心里做了一个治理沙漠的5年规划。他预计总投资2亿元，打造一个占地10000亩，集生态旅游与种、养殖于一体的生态园。目前，生态园已初具规模，带动周边60名移民就业，养殖牛、羊共2600头，鸡3000多只。栽植树木100多万株，苜蓿3100亩，8000多亩沙漠已被植被覆盖。沙山上的桃、杏、梅、李等果树全都开花，煞是好看。

7年时间、2亿元人民币，沙漠中完成人工造林10000多亩，这是一个壮举，更是一个奇迹。

如今，王恒兴已与治沙有了感情。“现在年龄大了，说不定哪天就干不动了，因此我要赶紧往前跑，在80岁之前完成治沙任务。”他坚定地说。说着对未来的美好期许，王恒兴的眼睛里神采飞扬……

（四）防沙治沙企业带头人——杨飞

“公司能有如今的规模，得益于家乡得天独厚的地理条件和父老乡亲的大力支持，只要家乡发展有需要，我们一定全力以赴支持，让她越来越美。也只有家乡发展了，咱们的企业也才能有更大发展。”朴实的语言，深情的目光，宁夏香岩产业集团有限公司董事长杨飞日前在谈到企业发展时，字里行间都饱含着对中卫这片土地的热爱。

1995年7月，杨飞从高校毕业后，次年进入宁夏西王集团财务科工作，他对待工作认真负责、勤恳踏实，很快就从一名普通员工升任该集团啤酒厂厂长。这些年踏实认真的作风，也为他积累了丰富的阅历和工作经验。

2000年杨飞开始自主创业，成立了自己的建筑公司。凭借着“勤、诚、智、信”的处事方式，他的建筑公司越做越好。2001年，他投资200万元在沙坡头区香山乡种植2000亩硒砂瓜，成为当地首屈一指的种植大户。2002 年 9 月，他成立了香山瓜果流通有限责任公司，经营瓜果种植和销售，并担任总经理一职。2008 年，在政府的推动下，硒砂瓜走上了奥运会的餐桌，中卫硒砂瓜也成了全国知名的西瓜品牌，产品热销全国各地。之后，杨飞趁热打铁，成立了宁夏香岩产业集团有限公司，开始大力发展沙漠养牛、沙漠蔬菜等产业，并从澳大利亚引进优良品种，发展高端奶牛、肉牛育种养殖……2016 年 10 月，宁夏香岩产业集团有限公司成功进入国家级重点龙头企业队伍。香岩集团公司的快速发展壮大，离不开杨飞始终坚持的“勤、诚、智、信”的经营理念，和他们“打造绿色有机产品，构筑健康消费长城”的发展目标。

“农业生产离不开好的生态环境，有好的生态环境，才会有好的农产品。反过来，从事农业生产更应该保护和改善生态环境。这样，企业的发展才是可持续的。”杨飞是这样说的，也是这样做的。为了拓展设施农业发展空间，2009 年，杨飞开始带领企业员工探索在干旱沙漠地区发展设施农业与生态防风治沙相结合的新模式，建设日光温室蔬菜大棚 200 座，种植有机蔬菜和鲜葡萄，营造沙漠防风林 2000 亩，栽植枣树 2000 亩、酿酒葡萄 2000 亩。如今，他沙漠大棚里生产的农产品已通过中绿华夏有机食品认证中心认证，获得有机转换食品认证证书。2012 年起，杨飞又在沙坡头区西北部的腾格里沙漠南缘进行沙漠治理工作，公司通过平整沙漠，栽植带状行列防护林等立体沙障，利用节水滴灌灌溉技术，采取生物措施、工程措施和农耕园艺措施相结合的手段进行固沙，以节水滴灌方式、种养结合、增施有机肥生产优质高档农牧产品为沙产业发展方向，综合防沙治理改善原始沙漠共计 1 万亩。

香岩集团公司副总经理张文革说：“作为一名地道的中卫人，杨飞在企业大力发展的今天始终不忘回报家乡，一直在为中卫的经济社会发展付出努力。他经常说做人要有良心，做企业也一样。”杨飞在推动企业不断实现大发展的同时，也不忘带动更多农民发家致富。记者了解到，自 2002 年以来，杨飞组织农户按绿色有机生产标准规程进行硒砂瓜、沙漠果蔬、牧草种植，带动随同企业发展的农户每户年均增收 4 万多元。目前，香岩集团公司辐射带动农户 1.2 万余户，缓解了农村剩余劳动力，成为中卫市农业产业化发展的领军企业。

作为一名年轻的企业家，杨飞早早便有了一颗“公益心”。2008 年，他以个人名义向汶川地震灾区捐资 1 万元；2010 年，他通过市民政局向贫困灾区捐款2000元，通过中国扶贫基金会给“爱心包裹项目”捐款 1000 元，通过宁夏青少年发展基金会、宁夏希望工程办公室和共青团中卫市委员会捐助“希望工程建筑学校”。2010 年，他又向青海玉树地震灾区捐赠价值 10 万余元的物资；2011 年，通过沙坡头区东园镇曹闸村给贫困学生捐款 1600 元，通过宁夏青少年发展基金会给希望工程家庭经济困难青少年捐款 9 万元；2012 年，通过宁夏青少年发展基金会给沙坡头区经济困难家庭捐款 26 万元；2013 年通过宁夏青少年发展基金会资助大学生 10 万元；2014 年通过宁夏青少年发展基金会给贫困生助学捐款 6 万元……

翻看杨飞和他的企业香岩集团公司这些年取得的成就，全国劳动模范、自治区劳动模范、支持地方经济社会发展先进个人、全国农村青年创业致富带头人标兵、全国农村优秀人才、第十届中国青年企业家协会理事、硒砂瓜营销流通大户、信德之星；国家级农业产业化龙头企业、自治区农业产业化重点龙头企业、农产品骨干流通企业、奥运会餐饮原料供应荣誉证书；“消费者信得过产品”“诚信企业”“守合同重信用”企业、“中卫市硒砂瓜营销先进集体”等，讲述着杨飞的成长，也讲述着企业的发展。对于这些成绩，杨对于这些成绩，杨飞说：“这是‘勤、诚、智、信’给我和企业的收获，也是‘做良心企业’才有的收获。”

宣传篇

国内主流媒体对宁夏防沙治沙的宣传报道

宁夏的防沙治沙成绩有目共睹，宁夏的防沙治沙经验叫响全国，社会各界对宁夏的防沙治沙工作都给予了充分肯定，各大新闻媒体从多角度、多渠道宣传报道了宁夏防沙治沙的成果，向人们展示出一幅人与沙和谐共处、共同铸就美丽宁夏的丰富画面。让我们看看媒体记者们对宁夏的防沙治沙是如何评价的？

宁夏荒漠上建起美丽家园

《人民日报海外版》2017 年 01 月 24 日 08 版　记者：朱磊 刘峰

春节前夕，记者来到位于宁夏灵武市白芨滩国家沙漠公园内的全国防沙治沙展览馆，一组组老照片、老物件，不觉间将我们带进半个世纪前，第一代白芨滩人以风沙洗礼青春的年代。

“当年的白芨滩是天上无飞鸟，地上无寸草；黄沙漫天舞，沙丘比房高；一年一场风，从春刮到冬。”白芨滩管理局局长王兴东用这里传唱多年的民谣向记者讲述，白芨滩国家级自然保护区位于宁夏回族自治区黄河东部，毛乌素沙漠西南边缘，总面积 8.18 万公顷。据介绍，从 1953 年建场至今，三代治沙人艰苦创业，完成治沙造林 63 万亩，控制流沙面积近 100 万亩，森林覆盖率已达到 40.6%，在毛乌素沙漠西南边缘营造了一条东西长 48 公里，南北宽 38 公里的绿色屏障，有效阻止了毛乌素沙漠南移和西扩。特别是在大泉干燥性流动沙区，实现了沙漠后退 20 公里的壮举。

近年来，林业的跨越式发展、国家级自然保护区的成立，都给白芨滩的治沙事业带来了前所未有的机遇。白芨滩防沙林场改变过去“一季造林、成活靠天”传统治沙模式，创造出了扎草方格治沙的成功经验。

驱车行驶在绵延近 200 公里的治沙路上，正值秋冬植苗时节，在大泉沙区治沙路两侧，随处可见职工忙碌的场面。马鞍山、大泉、羊场湾、北沙窝、长流水等管理站的干部、职工们冒着刺骨的寒风，挥动手中的铁锹，栽下一棵棵柠条幼苗，一片繁忙景象。

在马鞍山管理站治沙片区，保护区的职工正带领周边的农民植苗。正在装车卸苗的职工王贵说：“今年站上早早就安排了冬季造林任务，把任务分解到工人人头，已经干了 6 天了，200 多人栽植了 18 万株苗子，计划月底全面完成 4000 多亩地，40 万株栽植任务。”他身后沙山上的一片柠条已经 20 多厘米高。若不是展览馆内真实的场景再现，记者很难想象这片林地，竟是由几代治沙人一亩亩、一片片的努力而带来翻天覆地的变化。

保护区的治沙工作不仅使白芨滩防沙林场的职工们走上了致富

的道路，周边部分农民也因环境改变而深受教育，自觉放下手中的牧羊鞭，当起了护林员。一些常年靠挖甘草、麻黄谋生的农民，转变生产方式，积极投入治沙造林，打工挣钱，获得报酬600多万元，麦柴销售给林场得到收入500多万元，仅此两项，林场周边农民每年从中实现收入1000多万元。

上滩村工头王文清在林场打工，手底下从10个人发展到现在的70多人。据他介绍，20世纪90年代买菜都困难，现在发展沙区经济，建起了果园、温棚，发展育苗、养殖。通过栽苗、植树、扎草方格，工头每年能拿七八万元，普通工人每年能拿6万左右。

在与沙漠的无数次较量中，白芨滩人探索出“治沙”与“致富”相结合的“五位一体”沙漠治理开发模式：在沙漠外围营造大面积以灌木为主防风固沙林，形成第一道生态防线；围绕干渠、公路、果园周围建设多树种、高密度、宽林带、乔灌结合、针阔混交的大型骨干林带，构成第二道生态屏障。在两道生态防线的保护下，内部引水拉沙造田，培育经果林和苗圃，果园成为职工的“摇钱树”，苗圃成为职工的“绿色银行”。在田间空地，种植畜草，发展养殖业，形成了牲畜粪便肥田、林草养殖牲畜两项循环产业。2015年，保护区被国家林业局确定为“国家沙漠公园”试点，借此机会大力发展生态旅游，进而实现了从“五位一体”治沙模式向“六位一体”综合发展模式的转变，白芨滩自然保护区发展势头更加强劲。目前，已在沙漠中发展经果林和苗圃1.5万亩，种植畜草1000亩，发展养殖。

这种模式坚持“治沙”与“治穷”相结合，实现了治沙与致富同步发展，创造了改造利用沙漠、发展循环经济的成功范例，被国务院确定为推进宁夏经济建设重点推广模式。如今，荒漠变绿洲，绿洲变成了美丽家园。灵武市的山沙区形成了以白芨滩为中心，连接山区 5 个乡镇较为完整的防风固沙林体系，灾害天气逐年减少，大片良田免受风沙侵害。

据自治区林业厅提供数据，从 20 世纪 70 年代至今，宁夏沙化土地面积由 2475 万亩减少到 1686 万亩。特别是 1994 年以来，宁夏连续 20 年实现荒漠逆转。

宁夏：为全球防沙治沙贡献中国经验

《光明日报》2017 年 01 月 24 日 07 版 作者：王建宏

“埃及和宁夏气候条件相似，非常期待宁夏在防沙治沙方面取得的经验可以帮助埃及。”几个月前，埃及总统安全事务顾问法耶扎·艾布·纳佳在与宁夏回族自治区主席咸辉会面时说，诚邀宁夏专家到埃及指导交流。近年来，已有 89 个国家的政要、专家到宁夏考察。

宁夏农科院常年设有防沙治沙的“国际班”，举办过七届“阿拉伯国家防沙治沙技术培训班”及一届“阿尔及利亚防沙治沙技术培训班”，“取经人”来自全球 21 个国家，累计已近 200 人。

这是全球治理体系中的中国经验，也是世界生态建设中的宁夏贡献。

1. 科学施治　提供示范

查看谷歌地图，会发现全球与宁夏同纬度的地方大部分都是沙漠、戈壁、沙地、草地，而宁夏则三面环沙，被大片黄色区域包围。在腾格里沙漠南缘，则有两条平滑的“绿色平行线”嵌入黄色地带。“绿色平行线”是长 60 公里、宽 500 米的“五带一体”防风固沙体系，包括固沙防火带、灌溉造林带、草障植树带、前沿阻沙带、封沙育草带。

宁夏林业厅厅长马金元说：“在宁夏，防沙治沙一开始就嫁接高端智慧、坚持科学治沙。”“绿色平行线”两侧的草方格固沙技术便是由中国科学院与当地职工群众共同探索形成的经验，获国家科技进步特等奖。

2008 年，国务院正式批准宁夏建设全国唯一的省级防沙治沙综合示范区。自此，宁夏承担起了示范的重任。

8 年探索，成效卓著。在盐池县，有 200 多万亩沙化土地得到有效治理，50 万亩流动沙丘基本固定，120 万亩退化草原植被得到恢复，全县森林覆盖率和植被覆盖度分别达到 31% 和 65%。

在毛乌素沙地，“治沙英雄”王有德带领国有林场职工探索出了外围灌木固沙林，周边乔灌防护林，内部经果林、养殖业、牧草种植、沙漠旅游业“六位一体”沙区经济模式。近 10 多年治沙成效超过 2000 年以前 30 年总和。

2. 有为善治　点沙成金

2015 年 5 月，宁夏回族自治区党委书记李建华批示重申，坚定宁夏全境的禁牧封育不动摇，坚决防止禁牧反弹。2003 年 5 月，宁夏在全国率先实行全境封山禁牧。10 多年来，政策一以贯之。

禁牧封育以来，天然草原植被覆盖率由 35% 提高到 62%，草层高度由19厘米增加到30.1厘米，重度沙化草原面积由禁牧前的634.4万亩减少到246.76万亩，初步实现“草原绿起来、产业强起来、农牧民富起来”的阶段性目标。

在位于盐池县高沙窝镇的中民投宁夏（盐池）新能源综合示范区，光伏面板星罗棋布。这里正建设光伏扶贫电站，总装机2000兆瓦，总投资156亿元。

距此向北百余公里，在一片叫做红墩子的沙地里，宁夏本土企业宝丰集团投资300亿元建设光伏发电和枸杞种植项目，规划发电功率3吉瓦，共10万亩枸杞扶贫田。

除了大规模的巨量投入，宁夏一批中小农牧企业也沙中淘金。“3年时间，一片荒芜的沙地已成为年经济效益1800万元的瓜菜种植基地。”在平罗县陶乐镇庙庙湖移民新村，宁夏华泰农业科技公司董事长林伟光告诉记者，6000多亩沙地可带动当地移民增收1000多万元。

3. 因地制宜　宜沙则沙

防沙治沙，有时需要改变沙漠，而有时则需要保护其原始形态。

2016年9月，国家旅游局宣布同意宁夏创建“国家全域旅游示范区”。沙坡头、沙湖这些“沙”字头的景区每年吸引着大量四海宾客。

“防什么沙？防的是直接造成危害的沙。治什么沙？治的是已威胁到重要资源和人们生存的沙。”宁夏林业厅计财处处长徐忠说。

治了一辈子沙的王有德在白芨滩治沙林场留了一大片曲线优美的原始沙山，与金黄色的麦草方格形成强烈反差，让人感慨人类改造自然的伟大力量，同时又警示人们敬畏自然、顺应自然、尊重自然。

不乱作为亦是最大作为，科学治沙、宜沙则沙，宁夏正在人沙和谐的理念下绘制美丽中国的宁夏画卷。

“防治用”并重　西北地区沙漠实现“黄变绿”

《经济参考报》2017 年 01 月 9 日

近年来，我国沙漠化最严重、最集中的西北地区，通过一系列生态工程的实施，坚持防沙、治沙、用沙并重，沙化土地面积已持续多年缩减，多地可治理沙地实现了“由黄变绿”，初步构建起相对稳定的西北沙漠生态屏障。然而，在调研中一些林业干部、专家反映，当前沙区宜林地造林难度大，新恢复的植被林分不稳定，开发与保护矛盾突出，沙漠化防治面临新挑战。

（一）“防治用”并重促沙漠“黄变绿”

西北地区是全国沙漠化最集中、最严重的区域，除对周边地区造成危害外，还对东北、华北甚至长江中下游地区的天气产生影响。记者走访陕西、甘肃、宁夏、青海等地调研了解到，近些年依托国家重点林业工程，沙漠化呈现整体遏制、持续缩减、功能增强的良好态势。

宁夏盐池县 20 世纪 80 年代沙化面积占土地总面积超过 80%，有四分之三的人口和耕地处在沙区，“风吹沙子走，抬脚不见踪”是最真实的写照，而如今的景象却大为不同。在夏秋季节，成片的草场上，沙柳、花棒、杨柴、柠条等沙生植物长势正旺，植被下面的一个个麦草方格还清晰可见。

“通过工程措施与生物措施结合，全县200多万亩沙化土地全部得到有效治理，300亩以上的明沙丘基本消除，与10年前相比，年扬沙天气由54天降至9天。”盐池县环境保护与林业局局长蒋钢说。

据宁夏林业厅副厅长平学智介绍，宁夏在重点推广“五带一体”和“五位一体”治沙模式的基础上，针对不同区域、不同立地类型，通过采取生物、工程、水利、农艺、移民搬迁等措施，加快了治理速度，提高了治理成效。“目前宁夏防沙治沙已完成了规模化、区域化治理阶段，基本实现了由黄变绿，沙漠生态屏障进入相对稳定期。”他说。

数据显示，“十二五”期间，宁夏防沙治沙规划区域实际完成营造林401.67万亩，实现了沙化土地连续20年持续减少的目标；青海省完成防沙治沙面积43.58万公顷，柴达木盆地、三江源地区沙化土地面积总体减少，沙化程度降低，共和盆地、环青海湖地区沙化程度持续逆转。

（二）巩固治沙成果进入“僵持期”

受访林业干部、专家认为，沙区造林难度越来越大、已治理区植被稳定性差、保护与开发矛盾突出等已成为新时期筑牢沙漠生态屏障的挑战。

1. 造林任务重、管护难度大

来自国家林业局的数据显示，“十三五”期间，全国需要完成10万平方公里的沙化土地治理，西北地区的任务自然是重中之重。

据宁夏林业厅介绍，目前全区仍有26万公顷土地有明显沙化趋势，且由于沙区水资源匮乏，已经形成的固定、半固定沙地稳定性差，遇到干旱年份或过度放牧等影响，一些刚刚恢复植被的区域，林分稳定性差，沙化极易反弹。

一些林业干部反映，目前剩下的任务都是“硬骨头”，宜林沙地大多位置偏远、远离水源，自然条件、立地条件严重影响造林种草、植被恢复的质量。

2. 无序开发现象依然严重

记者调研了解到，一些荒漠化和沙漠化地区仍存在工业开发、超载放牧、水资源过度利用等问题，如近两年被曝出的甘肃、宁夏沙漠企业污染事件，在制造了污染的同时，也大量消耗着沙漠水资源。专家说，如果沙区地下水位持续下降，看似已经稳定的植被也会逐渐退化、死亡。

3. 资金投入不足

以盐池县为例，全县目前林业资源90%以上是生态林，且由于近年来乔木面积激增，需灌溉的林地面积也不断增加。蒋钢说，目前公益林补助标准较低，仅管护费县财政每年就要拿出1400万元的资金，而且全县还有200余万亩林地不在公益林保护范畴，正常管理难以为继。

（三）严格项目准入　守住沙漠安全

受访人士认为，筑牢西北地区沙漠生态屏障，不仅关乎国家生态安全，也关乎“绿色丝绸之路”建设和当前扶贫攻坚的重任。建议从以下方面入手筑牢沙漠生态屏障。

1. 坚持科学治沙

坚持科学治沙，并将生态与效益相结合，促进已治理沙区由“绿”向“富”的转变。坚持科学治沙，平学智说：“治沙不能片面追求‘看得见’的成效，应按照降雨量和水源的分布情况，宜林则林、宜草则草、宜封则封，并通过更新品种、补植补造等方式，稳定林分。”

荒漠化、沙漠化地区与集中连片特困地区也高度重合。陕西榆林市林业局局长吕学斌等人建议，推动沙漠化治理与脱贫攻坚相结合，形成以种养殖业、旅游业、新能源等为主的沙产业体系，提高防沙治沙的综合效益，逆向拉动沙漠化防治。

2. 建立严格的沙漠“准入”制度，加强沙化土地封禁保护区的建设和管理

建议确立沙区承载能力评估和开发项目准入制度，禁止一切破坏植被的生产建设活动，发挥大自然的自我修复能力，逐步形成稳定的天然荒漠生态系统。

3. 加强防沙治沙科学研究

专家认为，全球气候变化对我国防沙治沙带来深刻影响，建议加强全球气候变暖情况下对我国干旱半干旱区荒漠植物和荒漠生态系统的研究，为西北干旱区的植物引种、植被恢复、生态系统保护以及荒漠化防治等提供科学依据。

4. 建议设立防沙治沙专项资金

提高对西北地区防沙治沙的投入标准，同时探索建立荒漠生态效益补偿制度和防沙治沙奖补机制。

人与沙：进退之间的爱恨情仇

新华每日电讯 新闻纵深 2017年02月14日

记者：刘海 卢鹰 唐亚蒙

沙漠，一个神秘、特别的存在。千百年来，与人类反复上演着一幕幕你进我退、我进你退的斗争，演绎着进退之间的爱恨情仇。长期以来，人类与沙漠一直处在对抗之中，但随着时代的发展，一种新的关系逐渐建立起来。

沙漠自白

【人类终于意识到，“我”是地球生态圈里的一个重要组成部分，“我”的存在并非一无是处，而是有特殊的价值和意义】

我是沙漠，在我的领地，地面完全被沙所覆盖，几乎没有植物生长，也不适合动物活动，是一个雨水稀少、空气干燥的荒芜地区。虽然我由十分微小的沙粒组成，但是我的身躯非常庞大，现在的面积已经达到了3600万平方公里，占到地球陆地表面的四分之一，而且还以每年6万平方公里的速度进行着扩张。

和森林、大海、草原一样，我也是地球生态大家庭里的成员之一，但我很特殊，很少有生物能在我身上生存，人类对我的看法和对其他的几位完全不同，我是不受欢迎的一个。在中国，我主要分布在宁夏、新疆、内蒙古等北方地区，所以这里的人对我印象深刻。

一直以来，人类认为我是有害的，说我是“可怕的噩梦”。的确，有时候我并不温柔，狂风袭来，我的细胞被裹挟而起，在空中游荡，不知不觉就飘到了另外一个地方。人们看到的是一幅黄沙漫天、天昏地暗的景象，有的村庄还会被我们埋在身下，生灵也不复存在，人类建设的家园瞬间变成我们恶作剧的游乐场。

其实这并不是我想要的结果，但我也没有办法。本来我和森林、草原和睦相处，静静地躺在自己的家里，但是人类的乱砍滥伐、超载放牧破坏了森林和草原，我渐渐移动到它们的地盘了。没有了阻挡物，风还将我吹到了人类的家里。

或许我真的伤害了人类，而人类又何尝不是一次一次地伤害我，随着工业化进程的加快，这种伤害越来越深。一些企业将工业污水直接排到我身上，弄脏了我的肌肤，可能永远也擦洗不掉。我病了，我哭了。

好在，随着危害日益严重，人类开始逐渐警醒。

为了治理我、阻挡我，人类想方设法在我身上植树种草，在有些地方，我的面积在一点点缩小，这样下去，终有一天我会从这个世界消失。但没想到的是，随着时代的发展和观念的转变，理性的人类终于意识到我是地球生态圈里的一个重要组成部分，我的存在并非一无是处，而是有特殊的价值和意义。

于是，人类虽然在治理，但是并没有打算将我们赶尽杀绝。

通过长年累月的观察和研究，人们对我们的了解更加深入，掌握了我们的性情，他们在我们身上种植的一些植物，也使我们有了绿色、生命和灵气。

治沙奇迹

【将废弃的麦秆一束束呈方格状铺在沙丘上，在每个草方格里栽上耐旱的沙生植物——中国独创的草方格治沙被誉为“世界奇迹”】

这是一条连接中国华北和西北地区的铁路干线，却因沙漠而得名，为世人所知，在中国铁路史上留下了浓墨重彩的一笔，它就是中国第一条沙漠铁路——包兰铁路。

包兰铁路修建于 20 世纪 50 年代，起于包头止于兰州，全长 990 公里，其中有 140 公里在沙漠中穿行。当时，这条铁路到底能够运行多久，没有人能够预测，因为风沙也许会在一夜之间将铁路轨道掩埋。

张克智，陕西西安人，时任兰州铁路局中卫固沙林场场长。这个林场专门负责包兰铁路中卫段两侧沙漠的治理，保证铁路的顺利运行。20 世纪 70 年代，张克智响应组织安排来到中卫，在沙漠边上治沙开荒，保卫铁路。

“因为沙漠前移，侵占了良田，掩埋了村庄，对铁路的影响更不用说。修通之后，沙子经常上道，三天两头上道，沙子一上道，铁路就得中断行车。”张克智回忆。

如何有效阻止铁路两旁的沙漠流动，不让沙子将铁道掩埋，这是张克智他们必须解决的问题。要想治沙首先要把沙丘固定住，但这并不容易。

“开始我们用立体防护栏来挡沙子，结果是越挡越多，越挡越多，把沙子积累到铁道边上了，就把沙漠远处的沙子都积累到这了，对铁路造成更大威胁。”张克智说。

无数次地尝试，无休止地努力，终于，一种就地取材，看起来很简单的方法却取得了意想不到的效果，这就是草方格沙障——一种防风固沙、涵养水分的治沙方式，利用废弃的麦秆一束束呈方格状铺在沙丘上，留麦秆的三分之一或一半自然竖立在四边，然后将方格中心的沙子拨向四周麦秆根部，使麦秆牢牢地竖立在沙地上。

“这样不管风从哪个方向来，草方格都能够起一个阻沙的作用，上面阻沙，下面固沙，把沙子基本上固定了。”张克智说。

有了草方格沙障，沙子不再流动，人们便在每个草方格里栽一棵耐旱的沙生植物，渐渐地，草木成林，沙漠绿了，对铁路的威胁也解除了。

经过林场职工和当地群众的艰苦努力，卵石防火带、灌溉造林带、草障植物带、前沿阻沙带和封沙育草带构成了“五带一体”的防护体系，在铁路沿线建起了一道绿色屏障，这一治沙工程被誉为“世界奇迹”，并荣获联合国“全球500佳环境保护奖”，创造了人类治沙史上的伟大创举。

绿进沙退

【经过几代人的努力，昔日一望无际的荒漠已变成国家级自然保护区，成为锁住毛乌素沙漠边缘的绿色长城】

盐池县位于宁夏东部、毛乌素沙漠南缘，上世纪80年代，盐池县沙化面积占土地总面积的82.3%，全县有四分之三的人口和耕地处在沙区，包围其中的农民无法耕作、生存。由于以前沙漠化程度较高，这里的不少地名都带有“沙”字，比如高沙窝镇、黄沙窝村、沙边子村。

在流行以沙为名的盐池，却有一个叫哈巴湖的地方——哈巴湖国家级自然保护区，两位老人漫步于绿意盎然之中。他们退休前所在的盐池机械化林场是保护区的前身。20 世纪 70 年代末，国家林业总局批准在全国建立 6 个大型机械化林场，盐池机械化林场就是其中之一。

季川，时任林场经营科科长，1982 年来到林场，“那时这里还是一片荒漠，基本上没有树，全是鸣沙，长一部分草，很少很少。”

为了阻止日益严重的荒漠化，林场职工和当地群众开始了一段艰苦的治沙历程。“当时这里治沙难度相当大，有时候白天把苗子栽进去了，晚上一场大风，第二天这些苗子全都被吹出来了。”林场副场长牛惠民回忆。

一次次的失败，并没有打消人们治沙的念头，反而激发起他们的勇气和智慧。经过几代人的努力，昔日一望无际的沙漠被一望无垠的草木覆盖，风沙小了，环境好了，牛惠民和季川，还有无数林场职工和当地群众，用他们的青春换来了眼前的这一切。

如今，荒漠已变成国家级自然保护区，它像横亘在毛乌素沙漠边缘的绿色长城，遏制了沙漠南侵。哈巴湖，这一宁夏中部旱塬沙海上的绿洲，构筑起西部生态屏障里的重要一环。

多年来，防沙治沙始终伴随着宁夏的发展历程，一代又一代林业人扎根沙漠、治理沙漠、开发沙漠、建设沙漠。

20 世纪 70 年代至今，宁夏沙化土地面积由 2475 万亩减少到 1686 万亩。自 1994 年至今，宁夏连续 20 年实现荒漠化和沙化土地面积“双缩减”，率先在全国实现了沙漠化逆转。

“宁夏的荒漠化面积每年以 2 万公顷的速度在递减，沙化土地面积每年以将近 1 万公顷的速度在递减。可以说，宁夏的沙漠是整体遏制、持续好转、面积缩减的一个过程。”宁夏林业厅厅长马金元说。

铁路沿线、长城内外，草木成林，郁郁葱葱，铁路畅通了，长城保住了……人类和沙漠又恢复了平静，在各自的领地，用各自的方式生活着。

变废为宝

【光伏面板下如今长满草木的土地，原来其实是一片荒芜的沙漠】

荒芜是沙漠的特质，这里很少有植物生长和动物活动，也没有人类生存的条件。地球上如此广袤的沙漠，如果不能开发利用，带给人类的只能是灰暗的记忆。幸运的是，随着人类对沙漠更加深入的了解和接触，人们慢慢发现，如果加以改造，看似荒凉的沙漠也能焕发出勃勃生机，创造出财富。

宁夏盐池县，高沙窝镇。放眼望去，一块块光伏面板将大地装扮成蓝色，全球最大的单体光伏电站即将建成。光伏面板下如今长满草木的土地，原来其实是一片荒芜的沙漠。

“一般荒漠化的地方土地资源是比较多的，如果我们把它利用好，不仅能创造社会效益，同时又有经济效益和生态效益。”中民光扶宁夏投资有限公司董事长白保林如是说。

沙漠中雨水稀少、光照强烈、蒸发量大，这对涵养水分、植物生长十分不利，但这恰恰是光伏发电的黄金条件，而光伏电站建成后，光伏面板正好可以遮挡阳光对沙漠的直射。

宁夏盐池、中卫等荒漠化土地较多的地区，已经成为光伏发电、风力发电等新能源产业的聚集区。新能源产业的迅速发展，不仅成为当地县域经济发展的重要支撑，同时成为帮助老百姓实现精准脱贫的产业。

柠条，一种沙生植物，抗旱耐寒，成活率高，可以起到防风固沙、保持水土的作用。多年以来，柠条是中国北方荒漠化地区固沙造林的重要树种之一，被广泛种植。

如今，柠条的另一种特性逐渐被人们所熟知。柠条枝叶的营养价值丰富，粗蛋白质、粗脂肪、粗纤维等含量很高，特别适合加工成饲料，喂养牛羊等牲畜。在宁夏畜牧业大县盐池，一种将柠条平茬利用的模式迅速推广开来。

平茬，就是将成长期5年以上的柠条从根部剪去上面的枝条。这些枝条可以加工成饲料，平茬后的柠条会重新发芽生长。

“平茬以后第一能带来收入，第二有利于它的更新复壮，这样也解决了怎么从沙漠中收回一定资金的问题，然后用这些资金再调动老百姓的积极性，去更好地保护生态，这是一个循环利用的过程。”盐池县林业局副局长王增吉介绍。

沙海淘金

【利用但不破坏，展现出人与自然之间一种平衡的艺术】

记者盛夏时节采访时，宁夏灵武白芨滩国家级自然保护区里，散发出一股股淡淡的清香，这是成熟的味道。杨丽霞和她的姐妹们正在园子里采摘葡萄。

葡萄园所处的这个地方在五六十年代由于人们的乱砍滥伐，导致土地沙化，一些人甚至背井离乡。

后来，像杨丽霞这样的一批批白芨滩人开始了对沙漠的治理，争取自己的生存空间。

当年被严重沙化的地方，如今已经绿意葱葱，硕果累累，成了林场职工的“聚宝盆”。

白芨滩国家级自然保护区管理局局长王兴东介绍，通过多年努力,终于实现了经济效益和生态效益双赢的目标。“职工靠我们的‘五位一体’沙产业模式，这几年连续保持每年 10% 以上的增收速度，去年人均职工收入达到了 5.5 万元。”

沙漠绿了，百姓富了，这是人类与沙漠相处当中，一个双赢的结果。利用但不破坏，展现出人与自然之间一种平衡的艺术。

张萍，土生土长的中卫姑娘，现在在沙坡头景区当导游。“我们这边以前只有一两百工作人员，现在增加到八百多人了。旅游项目非常多，视野看上去非常开阔，我们这边是一个具有灵性的地方，是一个风水宝地。”说起沙坡头，张萍一脸自豪。

当前，宁夏正在大力发展全域旅游，而宁夏很多的旅游资源和景点分布在沙漠之中，沙漠已经成为宁夏发展旅游产业的主要阵地和亮丽名片。

中国经验

【如今，每年都会有数十位阿拉伯国家学员来到宁夏，学习中国人“荒漠变绿洲”的奇迹】

防治土地荒漠化是世界性难题，土地荒漠化也是我国最为严重的生态问题之一。我国荒漠化土地占国土总面积27%，全国共有18个省区市受到荒漠化的危害，每年造成的直接经济损失达1200多亿元，受影响的人口超过全国总人口的三分之一。

从20世纪50年代到现在，我国先后实施了“三北防护林”“退耕还林”等一大批重点生态建设和保护工程，带动普通农民参与治沙，逐步改善生态，消除贫困。

进入21世纪以来，中国政府更加高度重视防治荒漠化工作，每年拿出数十亿美元的资金用于防治土地荒漠化，使得上世纪90年代沙化土地面积每年扩展3436平方公里的局面得以逆转，如今每年减少1400多平方公里沙化土地。

多年的探索和实践成就了这条生态建设与经济发展并重、治沙与治穷共赢的中国特色的荒漠化防治道路，不仅初步遏制住荒漠化持续扩展的趋势，实现了全国荒漠化土地面积和荒漠化程度持续多年的“双减少”，还培育出一大批各具特色的防沙治沙的新产业，实现了沙区农牧民收入和企业经济效益的“双增长”。

马金元介绍，在防沙治沙方面，宁夏一开始就提出“生态产业化，产业生态化”的思路，让防沙治沙与助推地方经济发展和助推农民增收致富结合起来。

“这么多年来，我们在沙区大力发展沙产业。目前我们宁夏沙区沙产业的面积已经超过 200 多万亩，产值超过了 35 亿元。”马金元说。

中国在致力于自身荒漠化防治的同时，积极开展国际合作，并与其他发展中国家一道探讨水土保持与荒漠化治理的技术和管理。2006 年起，中国商务部委托宁夏农林科学院开展针对阿拉伯国家的防沙治沙培训课程，至今共有 220 多名阿拉伯国家技术人才参加培训。

“当时我们的初衷就是把中国一些好的治沙技术能够传播、输送到国外，支援阿拉伯国家和发展中国家的生态建设。在传输的过程中，我们也开展对接交流，把他们的做法和经验也吸纳进来，有助于我们在相关的治沙建设、水土保持和荒漠化治理中借鉴。”宁夏农林科学院荒漠化治理研究所所长蒋齐说。

47 岁的马尔拉夫是阿尔及利亚谢里夫省水利研究所所长。去年 7 月，他第一次来到万里之外的中国，参加正在这里举办的阿拉伯国家水土保持与荒漠化治理技术管理研修班，系统学习中国的防沙治沙技术。

当时正值盛夏时节，骄阳似火。在宁夏与内蒙古交界的腾格里沙漠边缘，改良过的沙地里，西红柿、秋葵、葡萄等蔬果长势喜人。马尔拉夫不时向当地技术人员咨询，还频频拿出手机拍照。

为期 20 天的中国“求学之旅”，让马尔拉夫深深感受到中国政府在防沙治沙以及保护生态环境方面的信心和作为。他说，回国后他会及时传达学到的防沙治沙技术和有益经验，让更多人了解荒漠化防治中的“中国力量”。

千百年来，许许多多阿拉伯人不远万里来到中国，求学取经，传递友谊，架起了中阿友好往来的桥梁。如今，中阿双方在荒漠化治理方面又找到了共鸣。

约旦学员叶哈雅·阿卜杜·噶迪勒告诉记者，2014 年他的三位同事来到宁夏，接受了荒漠化治理的培训，他们已经很好地把学到的有利经验和技术传播到约旦。

“我们创造了经验，就要毫不吝啬地把我们的技术输出去，贡献给世界各地，大家共享。科学治沙，互相学习，我想未来的世界一定很美好。”马金元信心满满地说。

如今，每年都会有数十位阿拉伯国家学员来到宁夏，探寻在这片遥远的沙漠中发生的故事，见证“荒漠变绿洲”的奇迹以及中国人民的智慧和精神。他们在万里之外的中国，学习荒漠化治理的科学技术和创新经验，回国后运用到自己国家的治理工作当中，为本国的荒漠化治理做出自己的贡献。

后继有人

【在宁夏，还有千千万万个年轻的“王岩”，将沙漠变绿】

2016 年盛夏八月的一天，几近正午，火辣辣的太阳炙烤着大地。在毛乌素沙漠西南边缘，23 岁的王岩正在认真查看滴灌设备和树木灌水情况。大沙梁的刺槐出现旱情，侧柏的滴管不在位，他都逐一做好记录。

2011 年，王岩考入宁夏葡萄酒与防沙治沙职业技术学院，成为防沙治沙工程系的一名新生。这所前身为宁夏林业学校的学院有着 30 年的办学历史，也是目前国内唯一一所以培养防沙治沙人才为己任的职业技术学院。

王岩至今仍然清晰记得第一次来到白芨滩实训时的情景，那时候，他还没有想到自己此后会成为其中一员，但彼时的震撼在他的脑海中已留下深深的印记。“把沙漠植绿了我觉得挺伟大的。”王岩坦言。

第一次来到白芨滩，带给王岩的不仅有震撼，还有遗憾。因为人生中第一次“追星”却并没有成功。

“当时是王有德局长，全国劳动模范，我们班同学刚来的时候都特别想见他，因为他工作繁忙，结果也没有见上。”王岩遗憾地说。

全国劳模王有德曾被授予“全国治沙英雄”称号，在白芨滩，他曾经带领干部职工营造防风固沙林 40 多万亩，在毛乌素沙漠西南端筑起了一道东西长 45 公里、南北宽 10 公里的绿色屏障，有效阻止了毛乌素沙漠的南侵。王有德是王岩心中的“偶像”，也是他在治沙路上前行的精神动力。

2014 年，王岩圆满完成学业，如愿加盟白芨滩国家级自然保护区管理局，成为一名光荣的治沙人。更令他高兴的是，终于见到了心目中的“偶像”，而且有机会一起工作。

劳模精神的感召，加上前所未有的使命感，让王岩像一只铆足了劲儿的陀螺，在忙碌的工作中找到了另一个自己。在白芨滩，像王岩这样的年轻人还有很多，他们大多是追随父辈甚至祖辈脚步走上治沙路的“白芨滩二代、三代”，在日复一日的努力工作中，成就着心中的理想。

在管理局局长王兴东看来，他们是“有知识的一代”，也是“继承了白芨滩精神的一代”。“与老职工相比，他们富有活力、有知识也有学历，他们在推动治沙技术的提升、速度的提升、治沙成效的取得方面，发挥了年轻一代的作用，也为我们这几年治沙工作的快速发展起到了很大的推动作用。”王兴东说。

工作3年，王岩最深的体会就是，林业工作者不仅要能吃苦，更要多一份责任感，沙窝里的每一棵草、每一棵树，都是治沙人用汗水浇灌出来的。其实，在宁夏，还有千千万万个年轻的“王岩”，他们，用责任与付出托起沙漠中的希望。

生态脆弱区贡献多个“宁夏模式”美丽宁夏书写中国西部生态样板

《宁夏日报》2017年5月23日第01版、04版

记者：沙新　连小芳　吴宏林

连日来，固原市在短短30多天里就完成造林任务22.7万亩。这只是宁夏实施六盘山重点生态功能区降水量400毫米以上区域造林绿化工程的开始，在未来4年里，宁夏将投资20.55亿元，在固原市五县区造林260万亩，使全区森林覆盖率提高近2个百分点。

近年来，宁夏牢固树立绿色发展理念，大手笔建设美丽宁夏。依托三北防护林、天然林保护、退耕还林等国家重大林业工程，我区组织实施了封山禁牧、防沙治沙、湿地保护、再造枸杞产业发展新优势、主干道路大整治大绿化、生态移民迁出区生态修复、市民休闲森林公园建设等重点生态工程，山川面貌不断美化优化，全区

森林覆盖率由2010年的11.89%提高到2016年的13.3%，城市建成区绿化覆盖率去年底达35%。

虽然宁夏位于西部生态脆弱地区，但在美丽中国建设中却贡献了一个又一个“宁夏模式”。宁夏率先在全国实施了全境封山禁牧，使封育区内林草覆盖率由15%提高到40%以上。自2014年实施生态移民迁出区生态修复工程以来，宁夏已完成生态移民迁出区生态修复270.83万亩。全区湿地面积10年间增加了近30万亩，是全国为数不多的湿地面积增加的省区之一。全区沙化土地面积由20世纪70年代的2475万亩减少到现在的1686万亩，率先在全国实现了沙漠化逆转，连续20年沙化、荒漠化土地“双缩减”。

作为全国首批湿地产权改革试点省区，宁夏在吴忠市确权湿地面积47839公顷，初步建立湿地确权登记系统，得到国家林业局肯定。作为全国第四个获批国有林场改革方案的省区，宁夏将在今年6月底前全面完成国有林场改革任务。宁夏集体林权制度改革也走在全国前列。

以宁夏枸杞为龙头，生态林业建设正在成为助推脱贫攻坚的生力军。目前，我区枸杞种植面积90万亩，年综合产值130亿元，相关产业每年可吸收近45万劳动力就业。自去年起，宁夏又将9个贫困县的6000贫困人口转为生态护林员，人均年收入1万元，可间接带动2.4万人脱贫。

1. 美丽中国的西部样本

西吉县火石寨扫帚岭山坡上，一片片新栽种的云杉、杨树、花灌木等，让昔日光秃秃的山坡，满溢着生机勃勃的绿色希望。

这是宁夏重点生态建设项目——六盘山400毫米降雨线以上地区荒山造林工程区之一。该项目不仅将为六盘山区增绿260万亩，还可为当地百万农民带来20亿元的“绿色财富”。

自治区第十一次党代会以来，宁夏在绿色发展理念指引下，绘就了美丽中国“宁夏画卷”的锦绣篇章。

2. 不忘初心：守与变的哲学

2016年9月29日，埃及总统安全事务顾问法耶扎·艾布·纳佳女士在与自治区主席咸辉会晤时，主动邀请我区专家到埃及指导防沙治沙工作，开展国家交流合作。

纳佳女士的盛情相邀，缘于宁夏在中国乃至世界防沙治沙领域创造的具有示范引领作用的“中国经验”。

目前，已有89个国家的政要、专家来宁夏考察治沙工作。10年间，21个国家的170多人参加了宁夏农科院举办的防沙治沙技术培训班。宁夏创造的防沙治沙“中国经验”在国内外广为传播。

初夏，上百万亩荒漠沙地静卧于沙柳、沙棘、花棒等沙生灌木丛下。

“20年前，因为沙子多，牛拉车都上不去，人们就给这里取名乏牛坡。”哈巴湖国家级自然保护区管理局局长王学增望着一望无垠、已被各种植被覆盖的沙海回忆，“老一辈盐池治沙人为了改变被沙子欺负的命运，也是拼了命了。车进不去，大家就肩扛人背，一走就是几公里。刚栽种的树木被沙子埋了，大家就补植补造，一直到种活为止。”

就这样，一代又一代盐池治沙人经过多年人沙大战，终于让曾经任意肆虐的沙害变成了绿色草原。

哈巴湖自然保护区，只是我区一代一代治沙人，丹心一片，栉风沐雨，用生命、汗水、梦想和坚毅，不忘初心，感天动地，逼退沙魔，迎来绿色的一个缩影。

矢志不渝的宁夏治沙人，不仅创造了让世界惊叹的草方格治沙技术，实现了人进沙退的历史性转变，还创下了中国治沙史上的一系列第一：

宁夏成为全国唯一的省级防沙治沙综合示范区，中卫沙坡头成为全国第一个国家沙漠公园，盐池哈巴湖成为第一个荒漠湿地类型的国家级自然保护区，灵武白芨滩建成全国唯一的防沙治沙展览馆。

国家林业局第五次全国荒漠化和沙化监测结果显示，“十二五”期间，我区完成治沙造林 401.67 万亩，森林覆盖率由“十一五”的 11.9% 提高到 2015 年的 12.63%，荒漠化土地和沙化土地面积双缩减，实现了沙化土地连续 20 多年持续减少的目标。

玉汝于成，不忘初心。宁夏人用百折不挠镌刻在治沙史上的“中国经验”，是“不到长城非好汉”的宁夏精神的写照。

3. 保护湿地：水与旱的共生

人们难以想象，在中国大西北宁夏这块只有 6.64 万平方公里的干旱土地上，却星罗棋布地镶嵌着总面积达 310 万亩、占国土面积 4% 的无数块湿地。她们像一串熠熠生辉的珍珠，诉说着黄土高原上的绮丽。

如珠宝有辉，灯之有光，这些珍贵的湖泊，绽放着美丽宁夏的独特气质。

2010年来，我区争取中央财政湿地项目补助资金25581万元，并自筹财政资金2500万元，全面打响“湿地保卫战”。全区75.6万亩珍贵的湿地资源得到有效保护，占到全区湿地面积的25.5%，保护总面积达到167.4万亩。

在中央和自治区湿地补助资金的撬动下，我区各地先后投入20亿元，保护美丽宁夏的“肾”。

一度退化的宁夏湿地重新焕发青春。2011年全国湿地资源调查中，宁夏湿地面积增加了近30万亩，成为全国少有的湿地面积不降反增的省区之一。如今，我区已有湿地310万亩，拥有国家级湿地类型自然保护区1处，自治区级湿地类型自然保护区3处；国家级湿地公园13个，自治区级湿地公园9个。

昔日的污水池“变身”美丽湖泊，往日干涸的土地成为绿色原野，河流、湖泊、沼泽、人工湿地为我区百姓打造了一个美丽温婉的家。

首府银川，持之以恒营造“最适宜居住、最适宜创业”的环境，多次荣获“中国人居环境奖”，并以“生态之都、人居银川”的城市特色捧回2014亚洲都市景观奖城市综合奖项。

中卫市瞄准黄河的开发保护做文章，摘取“迪拜国际改善居住环境最佳范例奖”。

宁夏沙湖入选全国十大“魅力湿地”，宁夏鸣翠湖国家湿地公园被评为“中国最佳生态休闲旅游胜地”“中国最美六大湿地公园”。

2016年，我区吴忠市又率先在全国开启了湿地产权确权试点工作，为国家自然资源资产统一确权探索积累“宁夏经验”。

4. 封山禁牧：禁与育的智慧

5 月 18 日，盐池县花马池镇皖记沟村的广袤草原上，一阵大风吹过，一股野草的清香扑鼻而来。

“这风要是在十几年前，早把黄沙扬得人睁不开眼了。”村党支部书记白云江指着一片绿油油的草原感慨。

之前，这片草原曾经是一道沙梁，村民们开着三轮蹦蹦车都过不去，只好下来人推车。一刮风，荒滩、院子、屋里，满是黄沙。

“多亏 2001 年开始搞起了封山禁牧。”白云江一直生活在皖记沟村，全村主要以养羊放牧为生。10 多年来，他见证了曾经肆虐的沙害，是如何被执着的宁夏人民降服的。

从那一年起，全村 1 万余只放牧的羊只结束“信天游”，集体退出草原，走进圈舍，过起了定居生活。

为了确保村民圈养规模和收入“两不减”，在自治区和盐池县的倾力支持下，全村打机井 93 眼，发展水浇地 4700 余亩，解决了养殖所需的饲草料问题。

“禁牧后，全村年饲养量从 1 万余只增加到 3 万多只，年人均可支配收入达 6300 元，比过去增加了许多。”白云江告诉记者，2016 年，全村成功实施脱贫销号，“今年羊价好，我们的收入有望突破 7000 元。”

历史铭记着宁夏生态文明建设的重要一笔：

2003 年 5 月 1 日，宁夏率先在全国实行了全境天然草原禁牧封育，使 244.46 万公顷草原得以休养生息。

百万亩人工种草工程、退牧还草工程、天然草原植被恢复与建设、飞播种草项目以及草原生态保护补助奖励机制等一批重大建设项目和配套政策、机制随之跟进，使曾经过度放牧、滥垦滥挖的草原重现生机。

2015年末，宁夏多年生人工草地留床面积达40万公顷，比禁牧前增长1.22倍，有效缓解了禁牧后饲草短缺问题。

“十二五”期间，我区累计向34.4万农牧户兑付补助资金近12亿元。

自治区先后出台的禁牧封育条例、加快中部干旱带草地生态建设和发展现代畜牧业意见等，从顶层设计上巩固禁牧封育成果，形成“草原绿起来、产业强起来、农牧民富起来”的互动机制，书写了宁夏生态建设、经济发展、农牧民脱贫互促多赢的历史性篇章。

自治区草原工作站站长赵勇告诉记者，一系列政策机制组合拳的实施，使我区草原植被持续恢复、生态环境明显改善，草原畜牧业综合生产能力和养殖规模化程度明显提高，农牧民人均收入持续增加。据监测，2016年，全区草原植被综合盖度平均达52%，比禁牧前提高17个百分点；全区奶牛存栏59万头，肉牛、肉羊饲养量分别达260万头、1760万只。

5. 精准造林：退与进的辩证

2016年年初，自治区林业厅主动将造林任务从上一年的120万亩降为100万亩。

在国家提出牢固树立绿色发展理念、大力加强生态建设的关键时期，为什么会做出这样的决定？许多人难以理解。

“宁夏每年营造林面积不少，但成活率、成林率却不高，最终造成森林覆盖率增长缓慢。”自治区林业厅负责人解释。

结合宁夏生态建设实际，从2016年开始，我区开始实施精准造林。

因地制宜尊重科学，把树栽在能活的地方。

近年来，全区林业系统更加遵循降水线规律，按照不同区域特点，因地施策，适地适树。山区重点建设以大六盘山为核心的水源涵养生态功能区，中部干旱带重点营造以防风固沙林为主、灌草结合的生态环境，引黄灌区重点构建以农田林网和经济林为骨干、农村庄点绿化为依托、绿色通道为网络的平原绿化体系，城镇重点建设城市绿色景观生态圈，创造安全、美化、自然、舒适的人居环境。

5年来，按照精准造林的要求，我区依托天然林保护、三北防护林建设、退耕还林等国家重点生态建设工程，加快生态移民迁出区生态修复进度，大力实施沿黄、主干道路和田间灌溉渠系增绿工程，加快推进银北百万亩盐碱地改良工程配套林网及生态护坡建设，全力推进市民休闲森林公园建设，启动实施宁夏引黄灌区平原绿洲绿网提升工程和六盘山重点生态功能区降水量400毫米以上区域造林绿化工程。

一组数据见证着我区美丽宁夏建设的闪光足迹：

全区森林面积由2010年的927万亩增加到2016年的1036万亩，森林覆盖率由11.89%增加到13.3%，森林资源稳步增长。全区共有6个国家级自然保护区、13个国家级湿地公园，全区城市建成区绿化覆盖率达到35%。全区林业及相关产业产值达200亿元。

6. 生态扶贫：绿与富的依存

2016 年 12 月 18 日，宁夏枸杞品牌战略发布会在北京举行。

首批 6 个宁夏枸杞知名品牌和 6 个宁夏枸杞优质基地面世。这是宁夏枸杞首次有了自己的知名品牌和优质基地，标志着宁夏枸杞品牌战略集结号的吹响。

2015 年，我区启动再造宁夏枸杞产业发展新优势工程，通过实施宁夏枸杞基础研究、良种培育、基地建设、精深加工、品牌建设、文化引领六大工程，打造宁夏枸杞产业升级版，建设中国枸杞之都。

如今，宁夏枸杞种植面积 90 万亩，年综合产值 130 亿元，出口量和干果产量均占全国一半以上。

以宁夏枸杞为引领，林产业正成为宁夏精准扶贫之路的生力军。目前，全区特色优势经济林面积达 437.5 万亩，培育林产品加工流通企业近 300 家，每年可吸收近 45 万劳动力就业，成为区域经济发展和农民增收的重要支柱。

退耕还林工程实施以来，中央累计兑现我区 153 万退耕还林农民政策补助资金 83.44 亿元，人均受益 5453.6 元。2016 年，我区又将 9 个贫困县区的 6000 贫困人口转为生态护林员，5 年可为他们带来 3 亿元的林业精准脱贫资金，间接带动 2.4 万人脱贫。今年实施的六盘山重点生态功能区降水量 400 毫米以上区域造林绿化工程，4 年可为当地百万农民带来 20 亿元的收入。

宁夏：产业治荒经验世界共享

《人民日报海外版》（2017年06月13日）

记者：朱磊

近年来，宁夏的治沙技术和成效得到了国际社会的重视与认可，先后有89个国家的政要、专家来到宁夏参观考察。宁夏农科院常年设有防沙治沙的“国际班”，举办过7届“阿拉伯国家防沙治沙技术培训班”，1届“阿尔及利亚防沙治沙技术培训班”，“取经人”来自全球21个国家，累计已近200人。

国外纷纷来取经

在全球范围内，与宁夏同纬度的大部分地方，都是沙漠、戈壁、沙地、草地，而宁夏则是三面环沙，被大片黄色区域包围的景象。

记者打开手机上的网络地图，发现在腾格里沙漠南缘，两条平滑的“绿色平行线”嵌入宁夏周边的黄色地带，“绿色平行线”是长60公里、宽500米的“五带一体”防风固沙体系，包括固沙防火带、灌溉造林带、草障植树带、前沿阻沙带、封沙育草带。

宁夏林业厅厅长马金元说：“在宁夏，防沙治沙一开始就嫁接高端智慧、坚持科学治沙。”“绿色平行线”两侧的草方格固沙技术，便是由中国科学院与当地职工群众共同探索形成的经验，获国家科技进步特等奖。

宁夏的成功经验吸引来各国的关注。“沙漠要利用好的话，会带来很大的社会效益和经济效益，这一点我们所有沙漠周边的国家都有同感。”2016 年 7 月，47 岁的阿尔及利亚人马尔拉夫·贝尔卡西姆来到中国宁夏，系统学习中国的防沙治沙技术，他说：“我们的国家地处广袤的撒哈拉沙漠，荒漠化防治形势极为严峻。我们在沙漠治理方面付出了很大的努力，我们正在到处学习相关的技术和经验。”

同年 9 月，埃及总统安全事务顾问法耶扎·艾布·纳佳在考察宁夏治沙经验后，坦言：“宁夏在沙漠治理和开发利用方面取得了举世瞩目的成绩，埃及和宁夏气候条件相似，非常期待宁夏的经验可以帮助埃及，并诚挚邀请宁夏沙漠治理、节水等方面的专家到埃及指导工作，开展合作。”

治沙致富同步走

早在 20 世纪 70 年代，“治沙英雄”王有德率先引入市场机制，破解造林成本“倒挂”难题。40 年来，他坚守着“宁肯自己掉下 10 斤肉，也不愿意让生态建设落了后”的信念，创造了世界闻名的“白芨滩治沙路径”。

如今，按照当初的“路径”，宁夏灵武市白芨滩林场职工张雪云在完成林场规定的“每个职工一年扎 1 万个草方格，栽植 1 万株树苗，治沙 100 亩，从治沙中实现收入 1 万元”的目标任务同时，还在管理站承包起了 28 亩经果林和苗圃，一年收入近 20 万元，实现了治沙与致富同步。

白芨滩国家级自然保护区管理局局长王兴东告诉记者，经过多年的摸索和总结，职工们用麦草、稻草在沙地上扎出长宽各 1 米、深二三十厘米的草方格，在草方格中种植沙蒿、沙棘等植物，外围栽种灌木固沙林、乔灌防护林，内部发展经果林、养殖业、牧草种植和沙漠旅游业，形成“六位一体”的防沙治沙和发展沙区经济的模式，创造了改造利用沙漠、发展循环经济的成功范例，被国务院确定为推进宁夏经济建设重点推广模式。

“职工靠‘六位一体’沙产业模式，这几年连续保持每年 10% 以上的增速，去年人均职工收入达到了 5.5 万元。”王兴东说。

产业实现生态化

2008 年，国务院正式批准宁夏建设全国唯一的省级防沙治沙综合示范区。自此，宁夏承担起了示范的重任，逐步建立起了全国第一个国家沙漠公园中卫沙坡头、第一个荒漠湿地类型国家级自然保护区盐池哈巴湖，全国唯一的防沙治沙展览馆灵武白芨滩，并创新和引领了草方格治沙等不同区域的防沙治沙模式。

9 年来，宁夏充分发挥盐池县、灵武市、同心县和沙坡头区 4 个全国防沙治沙示范县的示范引领作用，将三北防护林工程、中央财政和外援项目向这些区域倾斜，优先安排沙化土地封禁保护项目和沙漠公园建设。

著名的“沙漠水城”中卫市地处腾格里沙漠东南缘，宁夏香岩产业集团公司董事长杨飞在这里结合生物措施、工程措施和农耕园艺措施进行固沙，综合防沙治理改善原始沙漠共计 1 万亩，建成了集生态、治沙、观光旅游、设施农牧业生产一体化的农业产业沙漠园区。

宁夏万齐集团负责人万立军，用两年时间在荒无人迹、沙砾成丘的原始戈壁上打造了一个 5000 亩的原生态苹果基地。

“我们提出‘生态产业化，产业生态化’，让防沙治沙与助推地方经济发展和增收致富结合起来。”马金元说，“目前宁夏沙区沙产业的面积已经超过200多万亩，产值超过了35亿元。”

为实现沙退民富、推动防沙治沙可持续发展，自治区政府出台《关于大力发展沙产业推进防沙治沙综合示范区建设的意见》，鼓励各社会主体积极发展枸杞、葡萄、红枣等经济林产业，开发利用柠条、沙柳等沙生灌木，积极发展沙漠旅游、光伏发电等新型沙产业。

目前，宁夏各类沙产业产值超过35亿元，其中沙区经果林和沙生灌木饲料加工年产值超过16亿元，沙漠旅游业产值超过12亿元。沙坡头被国内外旅游业界专家誉为世界“垄断性”沙漠旅游资源，2007年被列为首批全国5A级旅游景区。

后 记

为深入贯彻落实习近平总书记等中央领导同志关于防沙治沙工作的重要批示精神和自治区第十二次党代会“大力实施生态立区战略，深入推进绿色发展”的有关精神，回顾总结宁夏防沙治沙历程和取得的成就及经验，更好地指导今后宁夏防沙治沙工作，对外宣传介绍宁夏防沙治沙经验，我们组织有关人员编写了《防沙治沙看宁夏》一书。

该书全面收集汇总了宁夏30多年来防沙治沙成就、经验、政策、技术措施、典型事迹，是全区数代治沙人长期坚持不懈的心血凝结。全书共分《政策篇》《成就篇》和《宣传篇》三个篇章。其中，《政策篇》收录了宁夏回族自治区党委、政府为搞好防沙治沙工作制定出台的一系列政策措施；《成就篇》主要介绍了宁夏防沙治沙的基本情况、经验做法和成效，充分展示了宁夏防沙治沙过程中涌现出的先进单位和个人事迹；《宣传篇》摘录了宁夏近期防沙治沙方面的重要报道。应该说，此书是一部重要的宁夏防沙治沙文献，具有一定的交流性、综合性、权威性，必将对国内外了解宁夏、借鉴宁夏防沙治沙经验发挥重要作用。

由于时间仓促，加之编者水平有限，难免有不足之处，敬请批评指正。

编 者

2017 年 7 月于银川